天然气工程技术培训丛书

管 道 保 护

《管道保护》编写组 编

石油工业出版社

内 容 提 要

本书主要包括管道保护基础知识、管道完整性管理、管道腐蚀与控制、管道检测与监测、管道风险识别及评价、管道巡检与维护、管道保护法规及管道应急预案等内容。

本书可作为管道保护工和管道管理人员的培训教材，其他相关人员也可参考使用。

图书在版编目（CIP）数据

管道保护/《管道保护》编写组编 . —北京：石油工业出版社，2017.12

（天然气工程技术培训丛书）

ISBN 978-7-5183-2296-1

Ⅰ . ①管… Ⅱ . ①管… Ⅲ . ①石油管道-保护-技术培训-教材②天然气管道-保护-技术培训-教材 Ⅳ . ①TE973

中国版本图书馆 CIP 数据核字（2017）第 285144 号

出版发行：石油工业出版社

（北京安定门外安华里2区1号　100011）

网　　　址：www.petropub.com

编 辑 部：（010）64269289

图书营销中心：（010）64523633

经　　销：全国新华书店

印　　刷：北京中石油彩色印刷有限责任公司

2017年12月第1版　2017年12月第1次印刷

787×1092毫米　开本：1/16　印张：13

字数：320千字

定价：46.00元

（如出现印装质量问题，我社图书营销中心负责调换）

《天然气工程技术培训丛书》
编 委 会

《管道保护》编写组

主　编：沈　群

副主编：刘正雄　谭　红

成　员：罗　驰　杨　颖　韩光谱　余致理

序

  川渝地区是世界上最早开发利用天然气的地区。作为我国天然气工业基地，西南油气田经过近 60 年的勘探开发实践，在率先建成以天然气为主的千万吨级大气田的基础上，正向着建设 300 亿战略大气区快速迈进。在生产快速发展的同时，油气田也积累了丰富的勘探开发经验，形成了一整套完整的气田开发理论、技术和方法。

  随着四川盆地天然气勘探开发的不断深入，低品质、复杂性气藏越来越多，开发技术要求随之越来越高。为了适应新形势、新任务、新要求，油气田针对以往天然气工程技术培训教材零散、不够系统、内容不丰富等问题，在 2013 年全面启动了《天然气工程技术丛书》编纂工作，旨在以书载道、以书育人，着力提升员工队伍素质，大力推进人才强企战略。

  历时 3 年有余，丛书即将付梓。主要有三个特点：一是系统性。围绕天然气开发全过程，丛书共分 9 册，其中专业技术类 3 册，涵盖了气藏、采气、地面三大工程；操作技能类 6 册，包括了天然气增压、脱水、采气仪表、油气水分析化验、油气井测试、管道保护，编纂思路清晰、内容全面系统。二是专业性。丛书既系统集成了在生产实践中形成的特色技术、典型经验，还择要收录了当今前沿理论、领先标准和最新成果。其中，操作技能类各分册在业内系首次编撰。三是实用性。按照"由专家制定大纲、按大纲选编丛书、用丛书指导培训"的思路，分专业分岗位组织编纂，侧重于天然气生产现场应用，既有较强的专业理论作指导，又有大量的操作规程、实用案例作支撑，便于员工在学习中理论与实践有机结合、融会贯通。

  本套丛书是西南油气田在长期现场生产实践中的技术总结和经验积累，既可作为技术人员、操作员工自学、培训的教科书，也可作为指导一线生产工作的工具书。希望这套丛书可以为技术人员、一线员工提升技术素质和综合技术能力、应对生产现场技术需求提供好的思路和方法。

  谨向参与丛书编著与出版的各位专家、技术人员、工作人员致以衷心的感谢！

2017 年 2 月·成都

前　　言

　　管道完整性管理是天然气工程技术领域中不可缺少的管理工作。为了满足天然气工业迅速发展、提高天然气开发技术技能队伍整体素质的需要，按照将西南油气田分公司建成中国天然气工业基地的要求，同时为满足石油天然气管道完整性管理发展需求，加强管道保护工作，提高管道保护工队伍综合素质，丛书编委会组织编著了《天然气工程技术培训丛书》中的《管道保护》一书。

　　本书注重理论与实际的有机结合，注重内容的通用性和实用性，围绕管道完整性管理主要内容，结合完整性管理流程六个步骤，从管道保护基础知识、管道完整性管理、管道腐蚀与控制、管道检测与监测、管道风险识别及评价、管道巡检与维护、管道保护法规及管道应急预案等七章内容对管道保护工作进行了介绍。在编写过程中，尽可能以相关标准和规范为依据，以图文相结合的形式，着重介绍了管道巡检与维护、管道外防腐层及相应修复材料的类型及方法、管道阴极保护参数检测技术及方法、管道外防腐层检测技术及方法、管道绝缘层和管道本体缺陷修复技术以及管道地质灾害识别等内容，以便管道保护工和管道管理人员能更全面掌握管道保护知识、从事管道保护工作。

　　本书由沈群任主编，由刘正雄、谭红任副主编。全书共七章。其中，第一章由沈群、谭红编写；第二章由沈群、刘正雄、谭红编写；第三章由杨颖、沈群、余致理编写；第四章由沈群、罗驰编写；第五章由沈群编写；第六章由沈群、韩光谱编写；第七章由沈群、韩光谱编写。本书由阳梓杰主审，参与评审的人员有艾天敬、宋晓健、马代强、龚伟、徐立、郑周君等。

　　本书在编写过程中得到了有关领导及专家的支持和帮助，在此致以由衷的感谢！

　　由于编者水平有限，书中不完善、疏漏之处恳请广大读者提出宝贵意见。

本书编写组

2016 年 12 月

目　录

第一章

天然气管道基础知识

第一节　管道发展简史

　　由于地理环境的不同和油气资源分布的不均，石油天然气的长距离运输成为必然。运输的主要方式有公路运输、铁路运输、水路运输和管道运输。管道运输以管道为载体，用加压设施给石油和天然气加压，使其从高压处向低压处流动进而输送到目的地。管道运输因运输成本低、建设速度快、运输量大、能够实现密闭连续输送、便于管理、易于实现远程集中控制等优势，成为油气资源输送的最佳选择。

一、天然气管道建设现状及发展趋势

　　我国天然气资源主要分布在塔里木、鄂尔多斯、柴达木、四川、海域等盆地，占全国天然气资源量的 70%以上。历经 40 多年发展，我国输气管道建设取得了巨大的成就。近10 年来，我国管道建设水平有了较大提高，已开始向长距离、大口径、高压力和高度自动化管理方向发展。特别是西气东输管道的建成投产，更标志着我国的天然气长输管道技术已接近世界先进水平。截至 2013 年底，我国天然气管线总长度达 42 万多千米，其中长输管线长度达 6 万多千米。我国天然气基干管网和部分区域性管网基本形成，天然气管道建设技术和管理水平也有了飞速发展。

　　川渝地区是我国天然气运输业发展较早的地区。20 世纪 70 年代起，威成线、泸威线、卧渝线、合两线相继建成投产，以及 1989 年从渠县至成都的半环输气干线（北干线）的建成，标志着四川天然气环形管网的形成，这也是我国第一个区域性环形管网系统，川渝地区基本上具备了向用户安全、平稳供气的能力。历经 40 多年的发展，川渝地区逐步形成了以南北干线环形骨架输气管网为主体、区域性输气管网为依托、遍布川渝 100 多个城市和地区的天然气输配管网，使川东、川南、川西南、川西北、川中矿区几十个气田连接起来，增加了供气的灵活性和可靠性。迄今为止，已建成连接四川、重庆等地区的输气管道长度为 16000 余千米，约占全国天然气管线总长度的 3.2%。

　　20 世纪 90 年代，我国天然气管道建设开始步入快速发展的时期，陕京一线、崖港线、涩宁兰、西气东输、陕京二线、冀宁线联络线和忠武线等重要管道陆续建成投产。1997 年建成投产的陕京一线是我国第一条陆上大口径高压输气管道。

1

21世纪我国经济的持续发展和能源政策的进一步调整，极大地促进了我国天然气产业的发展。"十一五"期间我国天然气的市场建设和价格体制进一步完善，逐步与国际接轨。2004年建成投产的西气东输一线是我国第一条大口径、长距离、高压力、多级加压、采用了当时比较先进X70钢材的现代化天然气干线。2011年6月建成投产的西气东输二线是我国第一条引进境外天然气资源的大型管道工程，并采用了我国自主研发的X80级钢材。2014年建成投产的西气东输三线是我国第二条引进境外天然气资源的陆上通道，西气东输三条输气管线与陕京一线、陕京二线以及川气东送管道共同构成了国内横贯东西、纵穿南北的综合天然气管网。

2014年开始，我国还将建设新粤浙、陕京四线、中俄天然气管线、西气东输四线等大型天然气管道工程，这也标志着我国的天然气干线管道开始进入集中建设期。

二、天然气管道技术现状及发展趋势

近年来，我国油气管道在输送工艺、自动化技术、施工技术等方面有了新的飞跃，但是与发达国家和地区完善的供气管网相比还有很大的差距：天然气管网化程度较低，调度不够灵活；油气管道主要设备的技术水平落后；对于建设年代较早的老管道，技术诊断、剩余寿命再评价技术还有待提高；油气管道计量精度的影响因素还需进一步研究。

目前，输气管道技术的发展主要有以下几个特点：

（1）长距离、大口径和高压力是世界天然气管道发展的主流。目前陆上输气压力达到12MPa，海底输气管道最高压力达到25MPa，最大口径1420mm。

（2）采用内涂层减阻技术，提高管道输送能力，减少了设备的磨损和清管次数，延长了管道的使用寿命。

（3）采用高钢级钢管。20世纪60年代一般采用X52钢级，20世纪70年代普遍采用X60、X65钢级，1973年在API 5L标准中增加了X70钢级，1985年在API 5L中增加了X80钢级。近10年来，在世界范围内管道工程以使用X70管线钢为主，X80钢级也逐渐得到了应用，如我国的西气东输一线和二线，近年来，X100和X120钢级也相继研制成功。

（4）管道采用聚乙烯防腐层（二层PE）和环氧粉末聚乙烯复合结构（三层PE）的外防腐技术。

（5）完善的调峰技术。为了保证可靠、安全、连续地向用户供气，发达国家都普遍采用金属储气罐和地下储气库进行调峰供气。

（6）道压缩机组采用回热循环燃气轮机提供动力，提高压缩机组功率、可靠性、完整性。

（7）普遍采用计算机为基础的SCADA（数据采集与监视控制）系统，对管道运行的全过程进行动态监测、监控、模拟、分析、预测、计划调度和优化。

天然气管道技术总体发展趋势：天然气管道网络化，未来将出现更多的跨地区天然气输送网络，连接多个气源、储气库和千家万户；控制管理自动化、信息化，遥感和数据城乡技术、SCADA、GIS及通信技术等的综合利用，将为管道的设计、施工和运营做出重要的贡献；提高管道运营的安全可靠性，逐步建立油气管道的完整性评价体系、在线泄漏检测体系、管道安全评价体系、管道寿命风险评估体系等；重视管道建设与环境的和谐，从以被动型抢修为主的安全管理模式转变到以整体评估风险管理为基础的预防性安全管理模式；不同品种原油的顺序输送；多油源、多品种、多用户的成品油顺序输送；高压输送与高强度钢输送的结合；油气计量仪表更为精确，注重发展"非干扰式"计量方法。

天然气管道技术发展方向是高压力输气与高强度、超高强度管材相结合。高压输气可减小管径，通过高钢级管材的开发可减小钢管壁厚，进而减小钢管的重量，缩短焊接时间，从而降低建设成本。另外，复合材料增强管道钢管强度，即在高钢级管材外包覆一层玻璃钢和合成树脂，采用这种管材可进一步提高抵抗各种破坏的能力和安全性；开展高压富气输送技术及断裂控制研究。高压富气输送是指在输送过程中采用高压使输送气始终保持在临界点上，保证重组分不呈液态析出。但是由于输送时天然气的热值较高，对管材的要求也高，因此高钢级管道钢管的断裂控制是未来以低成本建设管道的前提。

第二节　管道分类及分级

一、管道的组成

油气管道由管道本身及管道附属设施组成。管道附属设施按连接管道的站场及管道沿线设施及装置进行分类，其组成如下：

（1）连接管道的站场，如加压站、加热站、计量站、集油站、集气站、输油站、输气站、配气站、清管站、油库及储气库等。

（2）线路上的阀室、阀井及放空等设施。

（3）管道的水工防护设施、管堤、管桥以及管道专用涵洞、隧道等穿跨越设施。

（4）管道的通信设施、安全监控设施、电力设施、防风设施、防雷设施及抗震设施。

（5）管道防腐设施：阴极保护站，牺牲阳极保护、阴极保护测试桩，阳极地床，杂散电流排流站等。

（6）管道穿越铁路、公路的检漏装置。

（7）管道的其他附属设施，如标志桩、警示牌等。

二、管道的分类

管道运输是石油及天然气最主要的运输方式，在全世界应用广泛且发展迅速，根据其材质、用途、输送介质、制造方法、输送流程工艺等分为不同的类型。

（一）按构成材质分类

管道按构成材质的不同可分为非金属管道和金属管道。常用的非金属管道包括 PVC 管（聚氯乙烯树脂）、PP-R 管（无规共聚聚丙烯管）、HDPE 管（高密度聚乙烯管）等。常用的金属管道包括钢管、镀锌管、铸铁管等。目前油气输送管道基本上都采用钢管，钢管按其制造方法又分为无缝钢管和焊接钢管两种，焊接钢管又分为直焊缝钢管和螺旋焊缝钢管。

（二）按用途分类

根据《压力管道安装许可规则》及《压力容器压力管道设计许可规则》规定，压力管道可分为工业管道、公用管道和长输管道三类，而 TSG R1001—2008《压力容器压力管道设计许可规则》则按设计许可类别将管道分为长输管道（GA）、公用管道（GB）、工业管道（GC）、动力管道（GD）。

工业管道是企业、事业单位所属的、用于输送工艺介质的工艺管道、公用工程管道及其他辅助管道，其地域特性是一个企业或事业单位内使用的管道。公用管道是城市或乡镇范围内用于公用事业或民用的燃气管道和热力管道，其地域特性是一个城市或乡镇范围内使用的管道。长输管道是产地、储存库、使用单位间用于输送商品介质的管道，其地域特性是跨地区（跨省、跨地市）使用的管道。动力管道是火力发电厂用于输送蒸汽、气水两相介质的管道。

（三）按管输介质分类

按管输介质的不同，管道可分为输油管道、输气管道、油气混输管道等。输油管道又可分为原油管道与成品油管道。

（四）按输送流程工艺分类

按在油气生产过程中的输送流程工艺管道分为采气（油）管道、集气（油）管道、输气（油）管道、长输管道、燃气管道、井场工艺管道等。其中，GB 50251—2015《输气管道工程设计规范》将输气管道分为输气干线和输气支线，GB 50350—2015《油田油气集输设计规范》中将采气管道、集气管道（集气支线、集气干线）、燃气管道、井场工艺管道等归为气田集输管道，而 GB 50819—2013《油气田集输管道施工规范》还将井口回注水管道、注气管道、注醇管道、储气库工程注采支干线管道也归为气田集输管道。

三、压力管道级别划分

压力管道是生产、生活中用于输送介质，可能引起燃烧、爆炸或中毒等具有较大危险性的管道。根据《特种设备安全监察条例》，压力管道规定的最高工作压力不小于 0.1MPa，公称直径大于 25mm。按《压力容器压力管道设计许可规则》规定的管道级别划分的四类管道共分为九个级别，具体的划分如表 1-1 所示。

表 1-1　压力管道级别划分

级（类）别		资格项目范围
GA	GA1	输送有毒、可燃、易爆气体介质，最高工作压力大于 4.0MPa 的管道
		输送有毒、可燃、易爆液体介质，最高工作压力不小于 6.4MPa，输送距离不小于 200km 的管道
	GA2	GA1 以外的长输管道
GB	GB1	城镇燃气管道
	GB2	城镇热力管道

级(类)别		资格项目范围
GC	GC1	输送 GB 5044—1985《职业性接触毒物危害程度分级》中毒性程度为极毒危害介质的管道，因目前该标准已废止，极毒危害分级范围可参照 GBZ 230—2010《职业性接触毒物危害程度分级》标准
		输送 GB 50160—2008《石油化工企业设计防火规范》及 GB 50016—2014《建筑设计防火规范》中规定的火灾危险性为甲、乙类可燃气体或甲类可燃液体，且设计压力 p 不小于 4.0MPa 的管道
		输送流体介质且设计压力 p 不小于 10.0MPa，或设计压力 p 不小于 4.0MPa 且设计温度不小于 400℃ 的管道
	GC2	低于 GC3 级的管道，介质毒性危害程度、火灾危险性（可燃性）、设计压力和温度小于 GC1 的管道
	GC3	输送非可燃流体介质、无毒流体介质，设计压力 p 小于 1.0MPa，且设计温度大于-20℃但小于 185℃ 的管道
GD	GD1	设计压力 p 不小于 6.3 MPa，或者设计温度不小于 400℃ 的管道
	GD2	设计压力 p 小于 6.3 MPa，且设计温度小于 400℃ 的管道

　　管道的压力等级包括两部分，以公称压力表示的标准管件的公称压力等级，以壁厚等级表示的标准管件的壁厚等级。通常把管道中由标准管件的公称压力和壁厚等级共同确定的能反映管道承压特征的参数叫作管道的压力等级，即管道中管件的公称压力等级叫作管道的压力等级。《油气田集输管道施工规范》（GB 50819—2013）将管道等级划分为：

　　（1）低压管道：$p \leqslant 1.6$MPa。

　　（2）中压管道：$1.6 < p < 10$MPa。

　　（3）高压管道：$10 \leqslant p \leqslant 70$MPa。

四、钢材的分类及钢管的钢级和等级

（一）钢材的分类

　　钢材是钢锭或钢材通过压力加工制成所需各种形状、尺寸和性能的材料，一般分为型材、板材、管材和金属制品 4 大类。

　　钢是钢材含碳量在 0.04%～2.3% 之间的铁碳合金。为保证其韧度和塑性，含碳量一般不超过 2%，其主要元素除铁外，还有硅、锰、硫、磷等。钢的分类方法较多，根据 GB/T 13304—2008《钢分类　第 1 部分：按化学成分分类》及 GB/T 13304.2—2008《钢分类　第 2 部分：按主要质量等级和主要性能或使用特性的分类》，钢可按化学成分及主要质量分类如下。

　　（1）按化学成分分类：

　　① 非合金钢；

　　② 低合金钢；

　　③ 合金钢。

　　（2）按主要质量分类：

　　① 普通钢；

　　② 优质钢；

　　③ 特殊质量钢。

（二）钢管的钢级和等级

API（美国石油学会）规范规定，钢级由符号（代号）和后面的数字表示。钢级符号后面的数值表示最小屈服强度（API 中以 1000psi 为单位、国标中以 MPa 为单位）。如钢级 X70，"X"表示钢级符号，"70"表示钢材的最小屈服强度为 70×1000psi（1psi=6.895kPa）。

API 标准规定的管线钢分 A 级、B 级和 X 级三个质量等级，国家标准 GB/T 9711—2011《石油天然气工业 管线输送系统用钢管》规定，管线钢管（适用于石油天然气输送用无缝钢管和焊接钢管）的等级由用于识别钢管强度水平的字母或字母与数字混排的牌号构成，如钢级 L485 "L"表示钢级符号，"485"表示钢材的最小屈服强度为 485MPa。

管线管的产品规范水平分为 PSL1（PSL 是产品规范水平的简称）和 PSL2 两个等级，也可以说质量等级分为 PSL1 和 PSL2，PSL1 提供了一般的管线钢管质量水平，PSL2 包括增加的化学成分、缺口韧性、强度性能和补充 NDE（无损检测）的强制性要求。

GB/T 9711—2011 及 API 5L 标准中的钢管等级及钢级对照见表 1-2。

表 1-2 管线钢钢级及等级对照表

PSL	GB/T 9711—2011 钢级/等级	API 5L 钢级/等级	交货状态
PSL1	L175	A25	轧制、正火轧制、正火或正火成型
	L175P	A25P	
	L210	A	轧制、正火轧制、热机械轧制、热机械成型、正火、正火成型、正火加回火
	L245	B	
	L290	X42	轧制、正火轧制、热机械轧制、热机械成型、正火、正火成型、正火加回火或淬火加回火
	L320	X46	
	L360	X52	
	L415	X60	
	L450	X65	
	L485	X70	
PSL2	L245R	BR	轧制
	L290R	X42R	
	L245N	BN	正火轧制、正火成型、正火或正火加回火
	L290N	X42N	
	L320N	X46N	
	L360N	X52N	
	L415N	X60N	
	L245Q	BQ	淬火加回火
	L290Q	X42Q	
	L320Q	X46Q	
	L360Q	X52Q	
	L415Q	X60Q	
	L450Q	X65Q	

PSL	GB/T 9711—2011 钢级/等级	API 5L 钢级/等级	交货状态
PSL2	L485Q	X70Q	淬火加回火
	L555Q	X80Q	
	L245M	BQ	热机械轧制或热机械成型
	L290M	X42M	
	L320M	X46M	
	L360M	X52M	
	L415M	X60M	
	L450M	X65M	
	L485M	X70M	
	L555M	X80M	
	L625M	X90M	热机械轧制
	L690M	X100M	
	L830M	X120M	

注：（1）在钢级符号中 R、N、Q 和 M 等指的是热处理状态，即交货状态。

（2）钢级中增加后缀字母 S 表示用于酸性环境，例如，L245NS。

（3）字母 L 表示管线钢。

（4）245、360 等表示钢材屈服强度最小值，单位为 MPa。

第三节　危害管道的因素

危害油气管道的因素主要包括油气自身的易燃易爆性、输送工艺存在的不安全环节、管道的腐蚀、设计与施工的缺陷、第三方损坏或破坏、自然灾害、材料及设备的缺陷、误操作等。

一、管道腐蚀

腐蚀失效是在役长输管道主要失效形式之一。腐蚀既有可能大面积减薄管道的壁厚，导致管道过度变形或破裂，又有可能导致管道穿孔，引发油气的跑、冒、滴、漏的事故。

油气管道站场、油库与跨越管段的地面管道，由于受到大气中的水、氧气、二氧化碳以及各种污染物的影响会引起大气腐蚀。天然气长输管道主要采用埋地方式敷设，受到土壤、杂散电流等因素的影响，会造成管道的电化学腐蚀、细菌腐蚀和杂散电流腐蚀。

二、设计与施工缺陷

（一）设计不合理造成的危害

管道设计不合理及其危害涉及管道的各个方面，主要包括下列几种情况。

1．管道选线及站场选址

管道选线及站场选址是设计中非常重要的一项工作。线路的走向、长短和通过地区对整条管线的投资、施工、运行安全都有很大影响。如果设计中不注意选址位置与其内部建筑物的布局、分区、防火间距、防火防爆等级、消防设备配套、与周边其他建筑物的安全距离等问题，一旦出现安全事故，会危及相邻设施。

2．工艺流程、设备选型

长输管道运行安全与系统总流程、各站场工艺流程及系统设备布置有非常密切的关系。工艺流程设置合理、设备选型恰当，系统运行平衡性、安全可靠性就高。

3．管道强度计算

管道强度设计计算时，管道的受力载荷分析不当，或强度设计系数取值有误，将使强度计算结果及管材、壁厚的选用不恰当。输气管道应根据管道所经地区的等级或管道穿跨越公路等级、河流大小等情况，确定强度设计系数。

4．材料、设备选型不合理

仪器、仪表等选型或参数设定不合理，会使控制系统数据失真；电气设备防爆等级确定错误也直接关系到管道的运行安全。

（二）施工缺陷的危害

施工质量既影响管道的使用寿命，同时也影响管道的运行安全。管道施工缺陷主要包括以下几个方面。

1．焊接缺陷

长输管道的焊缝缺陷常见的有裂纹、夹渣、未熔合、焊瘤、气孔和咬边等，管道一旦建成、投产，如果建设中没有把好质量关，管道中存在的焊接缺陷，不但难以发现，而且不易修复，不但影响后期的管道清洁、内检测，而且管道的运行也存在较大的安全隐患。

2．防腐层补口补伤质量问题

管道施工期间，因搬运、下沟造成的原防腐层的破损、焊接部位等都要进行防腐层补口和补伤。由于受人员监督、施工进度或责任心不强等因素的影响，管道回填前，对部分防腐层的补口补伤没有修复或修复质量不合格，随着管道的运行，就会引起管道的腐蚀，特别是河流及公路穿越管段，后期修复都存在相当大的难度，甚至无法修复。

3．管沟开挖及回填质量问题

管沟开挖深度、穿越深度不够，或管沟基础不实，管道回填时将造成管道向下弯曲变形。地下水位较高而管沟内未及时排水就敷设管道，会使管道底部悬空。回填土的土质达不到规范要求可能破坏防腐层。

4．穿跨越质量问题

管道在敷设过程中，往往会穿跨越公路、铁路及江河或其他特殊地段，而这些地段一旦敷设完，就难以再进行检测和修复等工作，因此施工质量就显得尤为重要。

三、第三方损坏或破坏

目前，第三方损坏或破坏是油气管道发生泄漏、火灾、爆炸等事故的主要原因之一。

（一）第三方损坏

由于长输管道所经地区范围广，管道难度大，第三方造成的管道损坏也在所难免。

1. 城市扩建施工损坏管道

管道第三方损坏多发生在城镇规划建设、道路和桥梁等基础设备的建设过程中。由于监督不力、地方与企业间的协调不及时或安全意识不强，经常会出现施工造成的管道损坏。

2. 河床上作业损坏管道

河上进行挖沙、取土、航道清淤作业时，如果未充分考虑管线的安全，慢慢就会造成管道的裸露、悬空、绝缘层破坏或管道损坏。

3. 违章建筑占压

由于地方企业、单位或个人对管道的运行缺少安全意识，在管道附近修建公路、房屋等设施，或进行开挖沟渠、生产、打井等作业，造成严重的占压埋地管道现象，构成了对管道基础的破坏，引起基础下沉，甚至管道的弯曲变形或损坏。

4. 深根植物损坏防腐层

管道所经地区应无根深植物，在经济发达及人口稠密区应加强宣传，禁止沿线群众及有关部门在管道附近种树造林。

此外，川渝地区管道所经山林、丘陵地区较多，管道巡线比较困难，树木、灌木等植物很容易破损管道防腐层，从而造成管道的损坏。

（二）第三方破坏

油气长输管道输送的介质具有较高的经济价值，一部分不法分子为了获取经济利益，不惜违反法律，破坏管道进行盗窃油气活动。另一方面，有的企业或个人明知违反法律，无视管道破坏带来的安全风险而进行野蛮施工，对企业和国家的财产造成特别严重的损失。

四、自然灾害

自然灾害也是影响管道安全运行的主要因素，而对于川渝地区，地震、洪水、崩塌和滑坡、泥石流、采空塌陷对管道的安全影响较大。

（一）地震

地震产生地面竖向与横向震动，可能导致地面开裂、裂缝、塌陷，还可能引发火灾、滑坡等次生灾害，地震对管道工程的危害主要表现在可使管道位移、开裂、折弯，可破坏站场设施，导致水、电、通信线路中断，引发更为严重的次生灾害。

（二）洪水

一般来讲，山区降水量多于平原区，是洪水形成的根源。由于山坡植被贫乏，沟道坡降大，保水蓄水能力极差，一旦有较大降雨，将在短时间内形成极强的洪水径流，流速急，易形成泥石流，对穿越河流的管道具有一定的威胁，特别是布设在弯曲河段凹岸一侧的管道，可能会因沟岸的坍塌而被暴露出来，甚至发生悬空、变形或被冲断。

（三）崩塌和滑坡

天然气管道如经过地质构造活动强烈的地区，由于这些地区岩石松散破碎，地形变化较大，因此易形成崩塌和滑坡，影响管道建设和运营安全。

（四）泥石流

对于西部地区，发育规模较大的冲沟中松散堆积物比较丰富，坡积物较厚，一旦遇到突发性的强降水过程，便存在潜在的泥石流隐患。泥石流易毁坏高架管道的支撑架，淤埋、冲刷管道，造成管道裸露，表层防护层磨损，以致管道损坏。

（五）采空塌陷

管道在施工和运行过程中常通过煤矿采矿区域，而随着矿井的开采，易形成采空塌陷区域，同时还存在未塌陷的地下采空区，易产生地下塌陷和不均匀沉降的危险，易造成管道破坏。同时煤层的自燃现象也会危及管道的安全。

第四节　管道保护工作

石油天然气管道是经济社会发展的"生命线"，直接关系经济安全和人民生产生活，石油天然气管道保护工作事关国家能源保障和发展稳定的大局，而《中华人民共和国石油天然气管道保护法》（以下简称《石油天然气管道保护法》）的公布施行，对于进一步保障石油天然气输送安全和公共安全，维护国家能源安全具有重大的意义和作用。因此以《石油天然气管道保护法》的贯彻落实为主，围绕管道完整性管理开展管道保护工作，是管道安全运行的保障。

由于管道安全保护机制不完善和地方经济建设的发展，使得管道的管理还存在许多问题：地方政府处理管道安全隐患问题带有的地方倾向性、管道管理企业内部安全管理制度不完善、管道维护巡线人员素质不高、调度管理差；输气管线老化严重、大修工作量大，隐患治理难度大；大部分老输气管线自动化水平低、新技术不普及；地方建设占压管道、第三方破坏等。这一系列问题都危及管线的运行安全。《中国石油企业》刊文称，据不完全统计，近 20 年来，全国共发生各类管道安全事故 1000 多起，而特大事故时有发生，如 2010 年 "7·16" 大连新港输油管道爆炸火灾事故，造成直接经济损失约 2.23 亿元，2013 年 "11·22" 青岛输油管道爆燃特大事故，造成 60 多人死亡、130 多人受伤。因此重视管道的保护工作，建立和完善天然气管道安全保护与管理责任体系和管理制度，加强管道保护宣传、管道保护技术的应用和员工培训，开展管道风险评价，逐步推行管道完整性管理，构建以管道安全为核心的完整性管理体系，势在必行。

一、《石油天然气管道保护法》贯彻落实

（一）保护法的贯彻落实

根据《石油天然气管道保护法》建立的管道保护管理体制，首先应加强管道保护企业自身对管道保护法的学习和梳理，充分利用各种媒体和宣传手段，在管道沿线地区和重点区域广泛开展管道保护宣传普及活动，增强群众的法制观念和保护管道的自觉性。其次，管道保护工作离不开地方的支持，应加强管道企业和地方主管管道保护工作的相关部门的联系，建立点对点的工作制度，理顺工作关系，明确工作职责，确保管道保护法落实到实处。

（二）落实管道巡检制度

依据分公司管道保护管理办法及相应的工作质量标准，按巡检频率、巡检要求、巡检内容、巡检汇报等加强管道巡检制度的落实，特别是第三方施工预防，应制定相应的管理制度。通过管道巡查，掌握影响管道运行的外部环境因素，及时制止危害管道的不安全行为，消除事故隐患，做到早发现、早汇报、早预防。

（三）集中整治影响管道安全的突出问题

管道沿线的违章占压及人口密集区是管道运行风险最严重的区域。应组织力量集中对人口密集、占压严重、危险性大的占压点进行专项整治，彻底消除隐患。要切实采取有效措施，加大巡逻密度和强度，做好管道违章占压的清理工作，彻底消除安全隐患。同时应采取实地踏勘、现场检测等方式，进行管道及其附属设施的安全隐患排查整治。特别要对油气库、站场、码头等重点部位和学校、村庄、居民区、集贸市场等人口密集地段，进行详细摸底排查。此外，要落实责任，制定整治措施。

（四）应急预案的落实

应急预案是为了在管道发生事故时，通过抢险救援最大限度地避免、减少国家和人民群众生命财产的损失，因此，各单位应定期开展管道应急抢险演练，并参与地方管道相关部门制定的应急预案，加强管道事故应急处理能力。

二、以管道安全为核心，开展管道完整性管理

完整性管理体系是一个以管道安全、设施完整性和可靠性为目标并持续改进的管理体系，该体系采用完整性管理模式进行运行管理，以保证油气管道安全运行，提高管道的整体管理水平。完整性管理是由潜在危险因素的识别及分类，数据的采集、整合及分析，风险评价，完整性评价（在基于风险的检测前提下进行），完整性评价结果的决策、响应和反馈等部分组成，形成了闭环系统。

管道完整性管理工作涉及管道运行、维护管理的各个方面，各单位除按《石油天然气管道保护法》进行落实外，还应根据管道完整性管理方案要求，按以下内容开展管道保护工作，做到定人、定期更新。

（一）建立管道基础资料台账

管道基础资料台账，包括：

（1）管道附属设施资料；

（2）管道走向及周边环境；

（3）重点关注管段；

（4）主要技术档案。

巡线资料，包括：

（1）巡线记录；

（2）宣传记录；

（3）第三方施工监控、协调记录。

阴极保护资料及维护维修记录，包括：

（1）阴极保护测试记录；

（2）管道腐蚀穿孔分布及分析记录；

（3）日常维护内容记录。

（二）日常巡检

管道日常巡检的内容主要包括：

（1）管线"三桩"（测试桩、里程桩、转角桩）、警示牌；

（2）管道护坡、堡坎；

（3）埋地管道不良状况；

（4）明管跨越管段；

（5）铁路、公路穿越段；

（6）隧道穿越段；

（7）河流、沟渠穿越管段；

（8）管道两侧环境（依据管道保护法）；

（9）管道沿途地质灾害；

（10）管道高后果区及高风险段；

（11）管道泄漏情况；

（12）阴极保护系统（恒电位仪、阳极线及阳极地床、测试桩、排流系统等）；

（13）线路阀室（井）。

（三）日常维护

管道日常维护的内容主要包括：

（1）管线标识、警示标志；

（2）管线露管、浮管；

（3）护堤、护坡、护岸、堡坎等；

（4）清除管线 5m 范围内深根植物；

（5）线路阀室（井）；

（6）穿跨越管道（管墩、支撑、防腐、路面受压等）；

（7）管道阴极保护运行指标控制；

（8）管道风险等级变化；

（9）管道检测与修复。

（四）第三方施工管理

管道第三方施工管理的内容主要包括：

（1）加强管道保护宣传；

（2）施工监督；

（3）加强地方协调及应急处置。

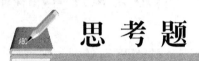

思 考 题

1. 输气管道技术的发展有哪几个主要特点？

2. 管线钢的钢级/等级符号及数字的含义分别是什么？

3. 压力管道等级如何划分？

4. 施工缺陷主要有哪些？

5. 管道的日常巡检应注意哪几方面？

6. 管道的日常维护应注意哪几方面？

第二章

管道完整性管理

第一节　管道完整性管理的概念

一、管道完整性及管道完整性管理定义

管道完整性（Pipeline Integrity）是指管道始终处于安全可靠的服役状态，包括管道在结构上和功能上完整，管道处于受控状态，管道管理者已经并仍将不断采取措施防止管道事故的发生等内涵。

管道完整性管理 PIM（Pipeline Integrity Management）是指管道管理者为保证管道系统的完整性而进行的一系列管理活动，具体指管道管理者针对管道不断变化的因素，对管道运营中面临的风险因素进行识别和评价，制定相应的风险控制对策，不断改善识别到的不利影响因素，采取各种风险减缓措施，将风险控制在合理、可接受的范围内，建立通过监测、检测、检验等各种方式，获取管道完整性的信息，对可能导致管道失效的主要威胁因素进行检测、检验，据此对管道的适应性进行评估，最终达到持续改进、减少和预防管道事故的发生、经济合理地保证管道安全运行的目的。

二、管道完整性管理内涵

管道完整性管理，也就是对所有影响管道完整性的因素进行综合的、一体化的管理，主要包括：

（1）拟定工作计划、工作流程和工作程序文件。

（2）进行风险分析和安全评价，了解事故发生的可能性和将导致的后果，指定预防和应急措施。

（3）定期进行管道完整性检测与评价，了解管道可能发生的事故的原因和部位。

（4）采取修复或减轻失效威胁的措施。

（5）培训人员，不断提高人员素质。

三、管道完整性管理原则

管道完整性管理的原则主要包括：

（1）在设计、建设和运行新管道系统时，应融入管道完整性管理的理念和做法。

（2）应结合管道的特点，建立本公司的完整性管理体系，定期对体系动态进行管理。

（3）要明确管道完整性管理的职责、建立管理流程、配备必要的手段。

（4）要对所有与管道完整性管理相关的信息进行分析整合。

（5）必须持续不断地对管道进行完整性管理。

（6）应当不断在管道完整性管理过程中采用各种新技术。

第二节 管道完整性管理体系

一、管道完整性管理体系研究进展

风险管理和完整性管理是管道安全管理的两个发展阶段，而管道完整性管理是风险管理之后管理方式的变革，风险管道起源于 20 世纪 30 年代，用来衡量保险业的风险评价过程，70 年代，随着美国大量油气管道进入老龄期，研究人员开始借鉴经济学领域中的风险管理来指导管道的维护工作。80 年代开始，美国及欧洲其他管道公司，开始制定和完善管道风险评价的标准。风险管理能够识别和预防管道危害，但只有风险识别与评价还不能够保障油气管道的安全运行，90 年代开始，管道完整性管理的思想得以孕育和发展，一些管道公司开始探索系统地进行检测评价和维护工作，逐渐形成了一套较为完善的管理完整性管理体系，21 世纪初，美国法律对开展管道完整性管理进行了强制性要求，以此为标志，形成了以 IT 技术和管道评价技术为支撑的管道完整性管理体系的管理方式的重大变革。

2004 年，中国石油管道科技研究中心成立了完整性研究所，专门从事管道完整性研究工作，确定了 6 步循环的工作管理方式，建立中石油完整性标准和管理系统。随着站场、城市燃气、储气库、集输管道等完整性管理技术研究工作的开展（集输管道完整性管理研究由西南油气田分公司负责），以陕京线为首个试点管道，中国石油开始了管道完整性管理的全面推广。

二、管道完整性管理体系内容

管道完整性管理体系的建立改变了管道安全管理的模式，最大限度地消灭了危险源，变被动抢险为事前维修，不仅减少了管道事故，降低了管道运行风险，而且保证了环境、财产和人身的安全。管道完整性管理体系的目标就是保证管道安全，技术支持的核心是数据。

西南油气田分公司管道完整性管理体系结合管道完整性要求，从管理、标准、技术等方面进行系统编制，共形成了《西南油气田分公司管道完整性管理程序》《西南油气田分公司管道完整性管理手册》《西南油气田分公司管道完整性管理审核系统》《管道完整性管理法规、标准体系》四个方面的内容，对管道完整性的管理进行了概括。

（一）管道完整性管理程序

管道完整性管理程序归属西南油气田分公司 HSE 体系文件，用以规定分公司管道完整性管理的流程、内容及要求，分公司各部门、各二级单位和技术支持机构的职责，以及规范各有关部门、单位的管理行为。

（二）《管道完整性管理手册》

《管道完整性管理手册》（以下简称《手册》）是实施管道完整性管理的核心技术支持文件。以体系文件的方式，明确完整性管理的具体要求，详细规定完整性管理各个要素的具体工作流程、方法及步骤，以实现完整性管理活动的目标并进行持续改善，评价完整性管理活动实施的有效性和执行的效果。分公司负责组织编制、发布并持续改进，各二级单位负责以 HSE 程序文件的形式，将该《手册》中管理要求纳入各自的 HSE 管理体系文件，明确本单位的管理流程、职责和工作标准。

《手册》由四级文件组成，分别是完整性管理总则、程序文件、作业文件、完整性管理方案。

1．完整性管理总则

完整性管理总则规定了对分公司各二级单位管辖的输油及输气管道线路、站场完整性管理的目标、原则、工作要求和工作内容。

2．程序文件

程序文件是管道和站场完整性管理要素的执行程序，覆盖完整性管理各环节的实施流程、管理职责和要求，共包括 8 个程序文件。

3．作业文件

作业文件是程序文件的补充和支持，描述程序文件中指引的某项工作任务的具体做法，共包括 30 多个作业文件。

4．完整性管理方案

完整性管理方案是具体管道（段）或站场设备/设施的完整性管理，规定方案实施者、实施时间、方法和内容，包括线路（管道）完整性管理方案和站场完整性方案。

线路完整性管理方案至少包括：适用范围、数据采集、高后果区识别、风险评估、完整性评价、维修、维护和更新改造及效能测试方案。

站场完整性管理方案应涵盖所有站内设备、设施，宜按所采用的风险评估或可靠性评价方法的不同分为 3 个子方案组织编制，3 个子方案分别为：

（1）压力容器、站内管线等静承压设备/设施完整性管理子方案。

（2）动设备的完整性管理子方案。

（3）安全保护系统仪表的完整性管理子方案。

各子方案至少应包含：适用范围、数据采集、风险评估、检验及完整性评价、维修维护以及效能测试方案。

（三）管道完整性管理审核系统

管道完整性管理审核工作流程包括：首次会议、确定评审部门和人员、现场审核（采用文件记录检查和验证、人员访谈、问卷调查、现场查看等方式）、结束会议、提交审核报告等 5 个环节。具体评审工作包括 6 个方面：首次会议、确定评审部门人员访谈和问卷调查、体系要求和文件规定的审核、检查记录、结束会议、提交审核报告。

管道完整性管理审核系统由两部分组成，分别是完整性管理专业指标体系和完整性管理综合指标体系。

完整性管理专业指标体系的评审内容针对完整性管理的基础控制程序要求、管道及站场完整性管理要求。各个要素包含在评审体系的 11 个主程序及 47 个子程序中。

11 个主要管理程序包括领导及承诺、计划与资源的总要求、实施的总要求、变更管理、风险管理、信息记录和数据管理、培训及能力、承包商、调查和跟踪 、站场完整性管理具体要求、管道完整性管理具体要求。

完整性管理综合指标体系是指结合分公司实际生产情况，主要考察完整性管理有关具体工作的实施情况和完成效果，包括完整性管理方案、完整性管理实施、完整性管理效能和完整性管理资料等。

（四）管道完整性管理法规、标准体系

近年来，随着管道事业的发展，我国建立了管道保护法及相应的涵盖设计、材料、施工、运行、腐蚀与防护、安全、节能、抢维修等技术的规章和规范性文件的管道完整性管道法规、标准。

管道完整性管理标准是一种过程标准，可为管道完整性管理提供系统的、贯穿管理整个生命周期的过程方法，它不是单纯的、具体的标准，而是建立在以众多基础的、单一的技术规范以及相关成果基础上的一种综合的管道管理规范体系。但与发达国家的管道法规和标准体系相比，在技术水平和管理上，我国还存在一定的差距。

1．管道完整性管理法规

我国于 2000 年颁布实施了《石油天然气管道安全监督与管理暂行规定》（已废止），2001年颁布实施了《石油天然气管道保护条例》（已废止），2003 年颁布实施了《特种设备安全监察条例》（已废止），但到 2010 年 10 月 1 日才开始有了第一部保护管道的法律《中华人民共和国石油天然气管道保护法》。

实行管道的监管，必须充分利用相应的法规，加强执行力度，使管道保护法更具权威性。

2．管道完整性管理标准

我国管道的安全评价与完整性管理始于 1998 年，主要是应用在输油管道上，始于陕京线和兰成渝管道试行管道完整性管道模式，并于 2009 年形成了自己的《管道完整性管理规范》，在借鉴了国外相应标准的基础上，也建立了自己的检测、评价标准，但标准体系并不

完善。目前常用的标准如下。

1）完整性管理标准

（1）ASME B31.8S—2016《燃气管道系统完整性管理》。

（2）API 1160—2013《危险液体管道管理系统的完整性》。

（3）GB 32167—2015《油气输送管道完整性管理规范》。

（4）SY/T 6648—2016《输油管道完整性管理规范》

（5）SY/T 6621—2016《输气管道系统完整性管理规范》。

2）完整性评价标准

（1）ASME B31G—2012《腐蚀管道剩余强度测定手册》。

（2）NACE SP0206—2006《干气管道内腐蚀直接评价标准》。

（3）NACE SP0110—2010《湿气管线内腐蚀直接评价方法》。

（4）NACE SP0502—2010《管道外腐蚀直接评价方法》。

（5）DNV RP F101—2015《油气管道腐蚀评价推荐标准》。

（6）API 579《管道安全评价、几何机械损伤评价》。

（7）SY/T 0087.1—2006《钢制管道及储罐腐蚀评价标准 埋地钢质管道外腐蚀直接评价》。

（8）SY/T 6477—2017《含缺陷油气管道剩余强度评价方法》。

（9）SY/T 6151—2009《钢质管道管体腐蚀损伤评价方法》。

3）完整性检测标准

（1）API 570—2009《管道检验规范 在用管道系统检验、修复、改造和再定级》。

（2）API RP 2200—2015《危险液体管道修理》。

（3）SY/T 6553—2003《管道检验规范 在用管道系统检验、修复、改造和再定级》。

（4）SY/T 6597—2014《油气管道内检测技术规范》。

4）其他完整性管理标准

（1）GB 50251—2015《输气管道工程设计规范》。

（2）GB 50253—2014《输油管道工程设计规范》。

（3）GB/T 11345—2013《焊缝无损检测 超声检测 技术、检测等级和评定》。

（4）GB 50350—2015《油田油气集输设计规范》。

（5）SY/T 5922—2012《天然气管道运行规范》。

为保证管道完整性管理的顺利实施，指导完整性管理工作的实践，中国石油于 2009年发布了 QS/Y 11083—2009《管道完整性管理规范》。其参照 SY/T 6648—2006《危险液体管道的完整性管理》和 SY/T 6621—2005《输气管道系统完整性管理》，并借鉴了美国管道完整性经验。

《管道完整性管理规范》由 8 部分组成，具体如下：

第 1 部分　总则；

第 2 部分　管道高后果区识别规程；

第 3 部分　管道风险评价导则；

第 4 部分　管道完整性管理导则；

第 5 部分　建设期管道完整管理导则；

第 6 部分　数据库表结构；

第 7 部分　建设期管道完整性数据收集导则；

第 8 部分　效能评价导则。

该规范是在总结管道完整性管理多年研究成果的基础上，采用国际先进的管理理念，结合我国长输油气管道行业特点，对长输油气管道的整个寿命周期的管道完整性管理工作进行了 规范，内容完整，具有较高的可操作性和创新性。而 2015 年 GB 32167—2015《油气输送管道完整性管理规范》的正式颁布填补了管道完整性管理尚无国家标准这一空白。

第三节　在役管道完整性管理

管道完整性管理的流程是一个不断循环更新的过程，其管理流程的核心内容包括数据收集与整合、高后果区识别、风险评价、完整性评价、风险削减与维修维护、效能评价 6 个环节。管理的对象可以是一段管道，也可以是某个管道系统，还可以包括管道周围的环境。图 2-1 描述了管道完整性管理工作流程。

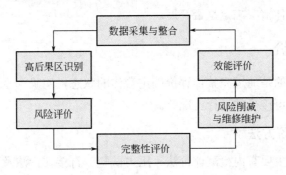

图 2-1　管道完整性管理工作流程

一、数据收集、整合

数据收集、整合是完整性管理的重要内容，可提高实施完整性管理的有效性，为管道管理者提供了一个可以获取完整性评估必需数据的方法。完整性管理数据包括管道属性数据、管道环境数据、运行管理数据以及检测评价修复数据等，所有数据都应按照管道数据模型统一录入"西南油气田分公司管道及场站数据管理系统"。

数据可以从以下 5 类资料中收集：

（1）设计、材料、建设资料。

（2）管道建设占地记录。

（3）运行、维护、检测和维修记录。

（4）用来确定高影响区和敏感区管段的记录。

（5）事故和风险报告、泄漏和污染报告。

二、高后果区识别

高后果区即管道泄漏后可能对公众和环境造成较大不良影响的区域。管道线路的完整性管理应首先从高后果区的识别和管理开始，识别高后果区存在的威胁，明确完整性管理的重点。

管道在建设期应开展高后果区识别，优化管道路由，无法避绕时，应采取安全防护措施；在役管道应进行周期性的高后果区识别，通常 1 年识别 1 次，最长不超过 18 个月，当管道及周边环境发生变化时，应及时进行高后果区更新。

三、风险评价

管道的风险评价是为了识别管道存在的危害，可能诱发管道事故的具体事件的位置及状况，找出管道的高风险段，确定事件发生的可能性和后果，并按风险评估的结果进行排序，优化管道的完整性评价工作。风险评价可采用专家评价法、安全检查表法、风险矩阵法等系统的风险评价方法，也可进行专项风险评价，如地质灾害风险评价、第三方破坏风险评价等。当管道、外界条件以及操作情况发生变化时，都应再次进行风险评估。

管道投产 1 年内应进行风险评价，高后果区管道应进行周期性风险评价，对一般地区的风险评估应依据具体情况确定是否开展。

四、完整性评价

完整性评价的目的是通过完整性评价确定管体的状态，明确维修计划、方法、再检测内容、再检测周期及可接受的运行工况等。

（一）完整性评价方法

完整性评价方法主要有内检测评价法、压力试验、直接评价法及其他方法。新建管道在投用 3 年内完成完整性评价，宜优先选择基于内检测数据的适用性评价方法进行完整性评价，不具备内检测条件（如输送介质气量、压力等）的管道，可采用压力试验或直接评价等其他完整性评价方法。

1．内检测评价法

通过内检测器检测出管体缺陷，然后根据缺陷尺寸和其他数据对管体状况进行评价。

2．压力试验

通过对管道打压，根据管道能够承受的最高压力或要求压力，确定管道在此压力下的完整性，暴露出不能够承受此压力的缺陷。

试验打压方法参照国标 GB/T 16805—2009《液体石油管道压力试验》的要求进行。

3．直接评价法

直接评价法是指通过历史数据的收集整合，借助一定的管道外检测结果和开挖检测结果进行系统评价，得出管道外腐蚀或内腐蚀状况，从而判断管体的整体状态的方法。直接评价可以作为对管道的基础性评价或辅助性评价，直接评价仅限于评价 3 种具有时效性的缺陷对管道完整性产生威胁的风险，即外腐蚀、内腐蚀和应力腐蚀。

直接评价一般在管道处于以下情况时选用。

（1）不具备内检测或打压试验实施条件的管道。

（2）不能确认是否能够打压或内检测的管道。

（3）使用其他方法评价需要昂贵改造费用的管道。

（4）无法停止输送的单一管道。

（5）打压水源不足并且打压水无法处理的管道。

（6）确认直接评价更有效，能够取代内检测或压力试验的管道。

管道外腐蚀直接评价参照 NACE RP 0502—2002《管道外部腐蚀的直接评价方法（ECDA）》执行。

4．其他评价方法

技术上被证明能够确认管体完整性的方法。

（二）完整性评价内容

完整性评价的内容主要包括以下内容：

（1）完整性评价所需数据采集，包括管线材料的性能、设计、运行和维护信息等，内检测数据，以及其他外检测数据等。

（2）内检测数据分析，包括统计缺陷的位置、尺寸，复查内检测的结果确定被报告缺陷（腐蚀、环焊缝异常、凹陷等）的特征（范围、位置、形状和尺寸），鉴定管线内所有缺陷的类型等。

（3）确认用于评价异常点最适合的方法，即相对于缺陷类型和管线当前运行状况最适合的评价方法。

（4）评价得出缺陷在已知缺陷条件、管体地理环境条件下的安全工作压力及整体管线的最大允许运行压力。评价确认缺陷的安全系数，如剩余强度或对管道完整性的影响状况。

（5）基于可用的信息评价缺陷（如腐蚀）增长机制。应用估算的增长速率信息确定被报告金属缺陷特征的未来增长行为及其对管线未来完整性的影响。

（6）管道安全运行所需考虑的其他因素分析。

（7）根据对缺陷的评价结果，列出优先维修表，其中包括推荐的时间安排。确认需要修复的列表和建议的时间安排，确定未来需要维修的数目、位置和类型。估计未来 5 年运营时间内的维修数目。

（8）根据评价结果，确认再检测方法和时间间隔。再检测时机的选择应以缩短维修需要的支出和不影响安全为目的，并考虑相关的管线法规建议的最大再检测时间间隔。

五、维修与维护

维修与维护是根据风险评价结果，针对管道存在的危害，制定和执行预防性的风险削减措施，完整性评价过程中发现的有管道缺陷均应采取措施，首先评估缺陷的严重程度，按照评估结果确定响应计划，对影响管道完整性的缺陷进行修复。所采取的修复措施应能保证管道的完整性直到下一个评估时间受到破坏。

（一）管道缺陷的修复响应

1．对于裂纹检测器检测出的裂纹响应

所有检测出的裂纹，均需立即响应。一旦发现有裂纹存在，应在5天之内，对这些裂纹进行检查和评价。对需维修或清除的任何缺陷进行检查和评价之后，应立即进行维修或清除，或者降低操作压力以减轻危险。

2．对于漏磁检测器或机械损伤的修复响应

对于意识到对管道强度有影响、可能立即或近期内造成管道泄漏或破裂的损伤缺陷，需立即响应。这类缺陷包括带划痕的凹坑等。一旦发现这种情况，应在5天之内对这类缺陷进行确认。

需要按计划响应的迹象，应包括在不小于规定最低屈服强度30%条件下运行的管道上的下述任何迹象：

（1）超过公称管径6%的扁平凹坑。

（2）机械损伤。

（3）带裂纹的凹坑。

（4）深度超过公称管径2%且影响韧性环焊缝或直焊缝的凹坑。

（5）影响非韧性焊缝的任何深度的凹坑。

有关其他信息参见 ASME B31.8—2016《气体传输与分配管道系统》中851.4章节的内容。

管理单位应在确定这种情况后的1年之内，尽快对这些缺陷损伤进行检查。在检查和评价后，对需要维修或清除的任何缺陷立即进行维修或清除，否则应降低操作压力，减缓维修或清除这种缺陷的必要。

3．对试压的响应

对试压失败的任何缺陷，应立即进行维修或换管。

（二）主要的维修方法

主要的维修方法主要包括：

（1）临时抢修——夹具。

（2）焊接维修/堆焊/打补丁。

（3）加强修复（钢质套筒修复、复合材料修复）。

（4）换管。

六、效能评价

（一）效能评价的目的

效能评价是对完整性管理实施效果的评价，即：

（1）是否达到完整性管理程序的所有目标。

（2）通过实施完整性管理程序，管道的完整性和安全性是否得到有效提高。

（二）效能评价的分类

完整性管理程序的效能评价一般可分为以下几类。

1．过程或措施测试

过程或措施测试可用于评价预防或减缓活动。测试可确定实施完整性管理程序各步骤的好坏程度。应仔细选择与过程和措施有关的测试方法，以确保能在实际的时间框架内进行效能评价。

2．操作测试

操作测试包括操作和维护趋势的测试，确定系统对完整性管理程序做出响应的好坏程度。例如，可以测试实施了更为有效的阴极保护后腐蚀速率的变化情况。又如，可测试在实施了预防措施（如完善开挖通知的方法）之后第三方损坏的次数。

3．直接完整性测试

直接完整性测试包括泄漏、破裂和伤亡测试。

4．前期测试和后期测试

除上述几类外，效能测试还可分为前期测试和后期测试。前期测试是指管道实施完整性管理程序之前，对预期效果进行测试。后期测试是指管道实施完整性管理程序之后，对取得的效果进行测试。

（三）效能改进

利用效能测试和审核结果，能够对完整性管理程序进行修改，使其不断完善。除完整性管理程序中要求的测试外，应采用内外审核结果，评价完整性管理程序的有效性。对完整性管理程序的修改和/或改进建议，应以效能测试和审核的结果分析为依据。这些分析结果、提出的建议和完整性管理程序所做的相应修改都必须形成文件。

思 考 题

1. 管道完整性及管道完整性管理的定义是什么？
2. 管线及周边要收集的数据必须包括哪些内容？
3. 管道完整性管理体系包括哪几部分？
4. 叙述管道完整性管理工作流程。
5. 管道完整性评价方法有哪几种？
6. 效能评价的目的是什么？

第三章

管道腐蚀与控制

第一节　管道腐蚀类型及机理

管道腐蚀是由于管道受到内部输送物料及外部环境介质的化学或电化学作用（也包括机械等因素的共同作用）而发生的破坏。管道在使用中可能产生的腐蚀、疲劳、蠕变、低温脆断、材质劣化等破坏形式中，腐蚀破坏最具普遍性，而外腐蚀尤为突出。

一、金属腐蚀的定义及分类

（一）金属腐蚀的定义

金属腐蚀是影响管道寿命与运行安全的主要因素，是管道保护过程中需解决的主要问题。金属腐蚀是指金属在周围介质作用下，由于化学、电化学和物理等作用而引起的变质和破坏，即指金属跟接触的气体或液体发生氧化还原反应而腐蚀损耗的过程。常见的腐蚀形态就是金属的锈蚀。

（二）金属腐蚀的分类

金属腐蚀的分类方法比较多，但常见的分类方法是按腐蚀机理、腐蚀破坏形态和腐蚀环境进行分类。

1. 按腐蚀机理分类

根据腐蚀产生的机理，金属腐蚀可以分为化学、电化学和物理溶解腐蚀 3 类。具体金属材料腐蚀机理主要取决于金属表面所接触的介质的种类（非电解质溶液、电解质溶液、液态金属）。

1）化学腐蚀

金属在不导电的液体（非电解质），如汽油、苯、润滑油等，或干燥的气体中的腐蚀称为化学腐蚀。

2）电化学腐蚀

金属与电解质溶液作用所发生的腐蚀叫作电化学腐蚀，它是金属表面产生原电池作用而引起的。

如果使铜和锌两块金属直接接触并浸入电解质溶液（如硫酸）中，将发生类似于原电池的变化（图3-1）。此时，锌和铜可视为电池的两极，锌为阳极，失去的电子流到与锌相连接的铜（阴极）端并在其表面上为溶液中的 H^+ 离子所接受，于是锌不断地变成 Zn^{2+} 离子溶入溶液中去而遭到腐蚀。这种原电池叫作腐蚀原电池或腐蚀电池。

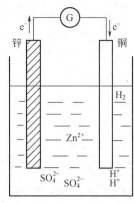

图3-1　原电池示意图

同一块金属，不与其他金属接触，单独置于电解质溶液中也会产生腐蚀电池。例如，工业锌中含有少量杂质（如杂质 Fe 以 $FeZn_7$ 的形式存在），杂质的电位比锌的电位高。此时，锌为阳极，杂质为阴极，于是形成腐蚀电池。结果锌遭到腐蚀，氢则成为气泡在杂质（阴极）表面上逸出。在电解质溶液中，金属表面上形成的这种微小的原电池称为腐蚀微电池。引起这类微电池的原因是化学成分、金属组织结构、金属表面膜和金属物理状态的不均匀性等。

2．按腐蚀破坏形态分类

根据腐蚀的破坏形态分类，金属腐蚀可分为全面腐蚀和局部腐蚀。

1）全面腐蚀

全面腐蚀又称为均匀腐蚀，是指腐蚀作用均匀地发生在整个金属表面，金属表面上各部分的腐蚀速率基本相同，如碳钢在强酸、强碱中发生的腐蚀，钢材在大气中的锈蚀，金属的高温氧化等。

2）局部腐蚀

局部腐蚀是指腐蚀集中在金属表面的一定的区域，而其他部分几乎未被腐蚀。常见的局部腐蚀有电偶腐蚀（异金属接触腐蚀）、点腐蚀、缝隙腐蚀、晶间腐蚀、应力腐蚀、腐蚀疲劳、冲蚀、磨蚀、选择性腐蚀、杂散电流腐蚀以及空泡腐蚀等。

3．按腐蚀环境分类

按照腐蚀环境分类，金属腐蚀可分为化学介质腐蚀、大气腐蚀、海水腐蚀以及土壤腐蚀。这种分类方法有助于按金属材料所处的环境去认识腐蚀。

二、油气管道的腐蚀

（一）大气腐蚀

位于大气环境中的管道，如跨越管段及站场油气管道的腐蚀均属于大气腐蚀。

1．大气腐蚀的特点及分类

金属置于大气环境中时，表面通常会形成一层极薄的不易看见的湿气膜（水膜）。当这层水膜达到20～30个分子厚度时，就会变成电化学腐蚀所需要的电解液膜。大气腐蚀是金属表面处于薄层电解液时的腐蚀，腐蚀过程既遵循电化学腐蚀的基本规律，又具有大气腐蚀的特性，通常按照金属表面的潮湿程度将大气腐蚀分成3个类型。

1）干大气腐蚀

大气中基本没有水汽，金属表面完全没有水分膜层时的大气腐蚀。其特点是在清洁的大气中，所有普通的金属在室温下都可以产生不可见的氧化膜。这类腐蚀比较简单，腐蚀速率小，破坏性也要小得多。

2）潮大气腐蚀

大气中有水汽存在，而且水汽的浓度超过某一最小值（临界湿度）。在相对湿度低于100%时，由于水分的凝聚，腐蚀表面上出现极薄的肉眼看不见的水膜，空气中的氧通过金属表面的水膜很容易到达金属表面，从而发生潮大气腐蚀。

3）湿大气腐蚀

当相对湿度接近于100%，或当水分直接落到金属表面时，在金属表面上存在着肉眼可见的水膜时的大气腐蚀。

由此可见，相对湿度是引起金属大气腐蚀的重要原因，当空气中相对湿度达到某一临界值时，水分子在金属表面形成膜，从而促进电化学过程的发展，加快金属的腐蚀。

2．大气腐蚀的影响因素

具体来讲，影响大气腐蚀的因素主要有金属表面状态、大气成分及气候条件。

1）金属表面状态

金属表面状态对空气中水分的吸附凝聚有较大的影响，比较光亮的金属表面具有较高的耐腐蚀性，而新鲜的粗糙表面，腐蚀活性最强。

金属表面存在的污染物、吸附的有害杂质会加快金属的腐蚀速度，而表面的腐蚀产物因体积膨胀，会导致表面保护层脱落起泡，使金属表面丧失保护作用，同样也会使腐蚀速度加快。

2）大气成分

水蒸气、氧、二氧化碳是大气中普遍存在的腐蚀性成分，但大气中对腐蚀速度影响最大的是大气污染物，如二氧化物、硫化氢、盐酸、氯化物等腐蚀性气体和尘粒。

3）气候条件

影响大气腐蚀的气候条件主要有大气的相对湿度、表面湿润时间、日照时间、气温、雨水、风向、风速和降尘等。

3．大气腐蚀性分级

大气腐蚀性等级划分应符合表 3-1 的规定（GB/T 21447—2008《钢制管道外腐蚀控制规范》），当大气的年腐蚀速度率难以获取时，应按 GB/T 19292.1—2003《金属和合金的腐蚀 大气腐蚀性 分类》或 SH/T 3022—2011《石油化工设备和管道涂料防腐蚀设计规范》的有关规定划分大气腐蚀性等级。

表 3-1　大气腐蚀性分级

大气腐蚀性分级	很低	低	中等	高	很高
第一年的腐蚀速率 v，$\mu m/a$	$v \leqslant 1.3$	$1.3 < v \leqslant 25$	$25 < v \leqslant 50$	$50 < v \leqslant 80$	$v > 80$

（二）土壤腐蚀

金属材料在土壤中受到周围介质的化学、电化学作用而产生的破坏称为金属的土壤腐蚀。埋地油气管道的腐蚀发生在含水的环境下，在性质上属于电化学过程，而潮湿的土壤便是电解质。

产生土壤腐蚀原因很多，主要有导电性、含氧量、含水量、酸碱度、细菌、孔隙度及溶解盐类等。

1. 土壤电阻率

土壤电阻率是指单位长度土壤电阻的平均值，单位是欧姆·米，土壤导电性直接受土壤粒度大小、水分含量和溶解盐类的影响，一般情况下，金属管道的腐蚀可用土壤的电阻率来衡量（表3-2）。土壤电阻率越小，埋地金属管道的腐蚀速度就越大。

表3-2 土壤电阻率与腐蚀速度的关系

土壤电阻率，$\Omega \cdot m$	土壤腐蚀性程度	钢的平均腐蚀速度，mm/a
0~5	很高（强）	>1
5~20	高（强）	0.2~1
20~100	中等（中）	0.05~0.2
>100	低（弱）	0.05

2. 含氧量

土壤的含氧量对金属腐蚀有很大的影响，土壤中的氧通常是地表渗透来的空气和雨水、地下水中的原溶解氧，干燥土壤中的含氧量高，潮湿土壤中的含氧量低，在含氧量不同的土壤中，埋地金属管道就可能形成含氧量不均的腐蚀电池，含氧量较多的管道区域成为腐蚀电池的阴极区，含氧量少的土壤接触金属管道则成为阳极区而受到腐蚀。

3. 细菌

细菌腐蚀并非它本身对金属产生侵蚀，而是细菌的生命活动间接对金属腐蚀电化学过程产生影响。造成金属腐蚀的细菌有铁细菌、硫氧化菌、硝酸盐还原菌及硫酸还原菌等。

一般情况下，含氧量越大，土壤腐蚀性越强，但是在某些缺氧的土壤中仍发现存在严重的腐蚀，这是因为有细菌参与了腐蚀，而且主要是硫酸盐还原菌。

硫酸盐还原菌属于厌氧性细菌，在缺氧和无氧的条件才能生存，当土壤中非常缺氧时，排除其他腐蚀因素，腐蚀过程是很难进行的，但对于含有硫酸盐的土壤，如果有硫酸盐还原菌存在，就会利用金属表面的氢使硫酸盐还原成硫化物，发生阴极过程的去极化而加速金属管道的腐蚀，腐蚀产物为黑色的硫化铁。

4. 含盐量

土壤中含有多种矿物盐（主要是氯盐、硫酸盐、碳酸盐），而可溶盐的含量（或浓度）与成分是影响电解质溶液导电的主要因素，甚至有些成分还参与电化学反应，从而对土壤腐蚀性产生一定的影响。

5. 土壤腐蚀性的测定

土壤腐蚀性的测定可采用原位极化法和试片失重法，并可按表3-3的规定划分等级。一般地区也可采用工程勘察中常用的土壤电阻率，并按表3-4的规定进行分级（GB/T 21447—2008《钢制管道外腐蚀控制规范》或 SY/T 0087.1—2006 《钢制管道及储罐腐蚀

评价标准 埋地钢质管道外腐蚀直接评价》）。

表 3-3　土壤腐蚀性分级

等级	极轻	较轻	轻	中	强
电流密度（原位极化法），$\mu A/cm^2$	<0.1	0.1~3	3~6	6~9	>9
平均腐蚀率（试片失重法），$g/(dm^2 \cdot a)$	<1	1~3	3~5	5~7	>7

表 3-4　一般地区土壤腐蚀性分级

等级	强	中	弱
土壤电阻率，$\Omega \cdot m$	<20	20~50	>50

（三）油气管道的内腐蚀

油气管道输送的一般为气、水、烃、固共存的多相流介质，而影响管道内腐蚀的主要是介质中的 CO_2、H_2S、O_2 和 Cl^- 和水，其中 Cl^- 为催化剂，CO_2、H_2S、O_2 为腐蚀剂，水为载体和溶剂。

1．H_2S 腐蚀

1）H_2S 电化学腐蚀

与 CO_2、O_2 相比，H_2S 在水中的溶解度更高，在湿 H_2S 环境中 H_2S 会发生电离，使水呈酸性，硫化氢在水中的离解反应式为：

$$H_2S = H^+ + HS^-$$

$$HS^- = H^+ + S^{2-}$$

硫化氢电化学腐蚀过程：

$$阳极：Fe - 2e^- \rightarrow Fe^{2+}$$

$$阴极：2H^+ + 2e^- \rightarrow H_2 \uparrow$$

$$阳极产物：Fe^{2+} + S^{2-} \rightarrow FeS \downarrow（硫化亚铁）$$

2）氢鼓泡、氢脆、硫化氢应力腐蚀开裂

一般认为硫化氢电化学腐蚀产物——氢有两种去向，一是形成氢分子排出；另一种就是由于原子半径极小的氢原子获得足够的能量后变成扩散氢[H]而渗入钢的内部并溶入晶格中，在一定条件下将导致材料的氢脆和氢损伤。

（1）氢鼓泡（HB，Hydrogen Blistering）。

钢在 H_2S 水溶液中发生电化学反应，阴极反应出活性很强的[H]向钢中渗透，在非金属夹杂物处（MnS）集聚并形成氢分子。随着氢分子数量的增加，其形成的压力不断增高，最后导致夹杂物尖端产生鼓泡。氢鼓泡常发生于钢中夹杂物与其他的冶金不连续处，其分布平行于钢板表面。氢鼓泡的发生并不需外加应力（载荷应力、残余应力），故从概念讲不属于应力腐蚀破坏范畴。

（2）氢脆（HE，Hydrogen Embrittlement）。

氢脆又称氢致开裂（HIC）或氢损伤，是一种金属材料中氢引起材料塑性下降、开裂或损伤的现象，"损伤"指的是材料的力学性能下降。

（3）硫化物应力腐蚀开裂（Sulfide Stress Corrosion Cracking，SSCC）。

在湿硫化氢环境中腐蚀产生的氢原子渗入钢的内部，固溶于晶格中，使钢的脆性增加，在外加拉应力或残余应力作用下形成的开裂叫作硫化物应力腐蚀开裂。SSCC 通常发生在中高强度钢中或焊缝及其热影响区等硬度较高的区域。

2．二氧化碳腐蚀

二氧化碳溶于水后，对部分金属材料有极强的腐蚀性，由此引起的材料破坏称为二氧化碳腐蚀。CO_2 在水介质中能引起钢铁迅速产生全面腐蚀和严重的局部腐蚀。

二氧化碳腐蚀反应过程如下。

（1）阴极反应机理：

$$CO_2(溶液) \rightarrow CO_2(吸附)$$
$$CO_2(溶液) + H_2O \rightarrow H_2CO_2(吸附)$$
$$H_2CO_3(吸附) + e^- \rightarrow H_2(吸附) + HCO_3^-(吸附)$$
$$HCO_3^-(吸附) + H_2O \rightarrow H_3^+O + CO_3^{2-}$$
$$H_3^+O + e^- \rightarrow H(吸附) + H_2O$$
$$HCO_3^-(吸附) + H_3^+O \rightarrow H_2CO_3(吸附) + H_2O$$

（2）阳极反应机理：

$$Fe + OH^- \rightarrow FeOH + e^-$$
$$FeOH \rightarrow FeOH^+ + e^-$$
$$FeOH^+ \rightarrow Fe^{2+} + OH^-$$

（3）总的腐蚀反应为：

$$CO_2 + H_2O + Fe \rightarrow FeCO_3 + H_2$$

二氧化碳腐蚀除与管道材质有关外，还与 CO_2 分压、介质温度、水介质矿化度、pH 值等因素有关。CO_2 在介质中的溶解度随着温度升高而降低，但随着温度的升高，反应速度加快；CO_2 的分压与介质的 pH 值有关，CO_2 的分压越大，pH 值越低，去极化反应越快，腐蚀速度就越快。

第二节　管道外腐蚀控制技术

管道外腐蚀破坏形态包括全面腐蚀和局部腐蚀，全面腐蚀是一种常见的腐蚀形态，包括均匀和不均匀全面腐蚀，而局部腐蚀又分为点腐蚀（孔蚀）、缝隙腐蚀、腐蚀疲劳、应力腐蚀开裂和氢脆等。

目前油气管道的外腐蚀防护常采用外防腐涂层（复合材料或复合结构）、电化学保护法（阴极保护）、杂散电流排流等措施来防止管道发生腐蚀，以及根据管道的用途选择不同耐腐蚀合金材料提高管道的耐腐蚀性能。

一、防腐层

涂层防护是将管道防腐绝缘层材料均匀致密地涂敷在除锈后的管道外表面，使其与腐蚀介质隔离，达到管道外防腐的目的。

对管道外防腐层的基本要求是：与金属有良好的黏结性，电绝缘性能好，防水及化学稳定性好，有足够的机械强度和韧性，耐热和抗低温脆性、耐阴极剥离性能好，抗微生物腐蚀，破损后易修复，宜施工。

现有的防腐层材料主要有石油沥青、煤焦油磁漆、溶结环氧粉末（FBE）、聚乙烯等，目前管道防腐层主要有石油沥青和聚乙烯。

（一）石油沥青防腐层

石油沥青属于热塑性材料，低温时硬而脆，随着温度升高而变成可塑状态，升高至软化点以上则有可流动性，发生沥青流淌现象，沥青的密度一般在 $1.01\sim1.07\ \mathrm{g/cm^3}$ 之间。

1. 石油沥青黏滞性

黏滞性又称黏性或黏度，反映沥青材料内部阻碍其相对流动的一种特性，是沥青材料软硬、稀稠程度的反映。黏稠（半固体或固体）的石油沥青用针入度表示，液体石油沥青则用黏滞度表示。针入度表示沥青的机械强度。针入度越小，强度越大。反之强度越小。

2. 塑性

塑性是指石油沥青在外力作用下产生变形而不破坏，除去外力后仍能保持变形后形状的性质。沥青的塑性对冲击振动荷载有一定的吸收能力，并能减少摩擦时的噪声，故沥青是一种优良的道路路面材料。

石油沥青的塑性用延度表示。延度表示沥青在一定温度下外力作用时的变形能力。

3. 温度敏感性

温度敏感性（感温性）指石油沥青的黏滞性和塑性随温度升降而变化的性能。

温度敏感性用软化点指标表示。由于沥青材料从固态至液态有一定的变态间隔，沥青软化点是反映沥青温度敏感性的重要指标，它表示沥青由故态变为黏流态时的温度。

4. 大气稳定性

大气稳定性指石油沥青在热、阳光、氧气和潮湿等大气因素的长期综合作用下抵抗老化的性能，也就是沥青材料的耐久性。石油沥青的大气稳定性用加热蒸发损失百分率和加热前后针入度比来评定。

石油沥青防腐层由底漆层加石油沥青和玻璃纤维布（毡）裹覆层构成，外包保护层采用聚氯乙烯工业膜。

底漆是指直接涂到钢管表面的涂料，要求在物面上附着牢固，以增加钢管与沥青的黏结力。

玻璃纤维布是用玻璃纤维织成的织物，具有绝缘、绝热、耐腐蚀、不燃烧、耐高温、高强度等性能，主要用作绝缘材料、玻璃钢的增强材料等。

玻璃纤维布涂层结构有三油三布、四油四布和五油五布等。根据不同的地质条件和防腐保护年限的要求，石油沥青防腐层分为普通级、加强级和特加强级，各种防护等级的石油沥青防腐层结构应符合表3-5的规定（SY/T 0420—1997《埋地钢质管道石油沥青防腐层技术标准》），防腐层等级如表3-6所示（SY/T 5919—2009《埋地钢质管道阴极保护技术管理规程》）。

表 3-5　石油沥青防腐层结构

防腐等级		普通级	加强级	特加强级
防腐层总厚度 mm		≥4	≥5.5	≥7
防腐层结构		三油三布	四油四布	五油五布
防腐层数	1	底漆一层	底漆一层	底漆一层
	2	石油沥青厚不小于1.5mm	石油沥青厚不小于1.5mm	石油沥青厚不小于1.5mm
	3	玻璃布一层	玻璃布一层	玻璃布一层
	4	石油沥青厚 1.0～1.5mm	石油沥青厚 1.0～1.5mm	石油沥青厚 1.0～1.5mm
	5	玻璃布一层	玻璃布一层	玻璃布一层
	6	石油沥青厚 1.0～1.5mm	石油沥青厚 1.0～1.5mm	石油沥青厚 1.0～1.5mm
	7	外包保护层	玻璃布一层	玻璃布一层
	8		石油沥青厚 1.0～1.5mm	石油沥青厚 1.0～1.5mm
	9		外包保护层	玻璃布一层
	10			石油沥青厚 1.0～1.5mm
	11			外包保护层

表 3-6　石油沥青防腐层技术等级

绝缘电阻，$\Omega \cdot m^2$	>10000	5000～10000	3000～5000	1000～3000	<1000
等级	一级（优）	二级（良）	三级（可）	四级（差）	五级（劣）
损坏或老化	基本无损坏或老化	损坏或老化轻微	损坏或老化较轻	损坏较重或局部严重	损坏或老化严重

（二）环氧煤沥青防腐层

环氧煤沥青防腐蚀涂料由环氧与煤沥青两种主要成分组成，是甲（环氧）乙（固化剂）双组分涂料，具有优良的附着力、韧性，且耐潮湿、耐水、耐化学介质，具有防止各种离子穿过漆膜的性能。

按使用功能分类，环氧煤沥青防腐蚀涂料可分为环氧煤沥青底漆和环氧煤沥青面漆两类，并可与相应的稀释剂配套使用。为适应不同腐蚀环境对防腐层的要求，环氧煤沥青防腐层分为普通级、加强级、特加强级3个等级。环氧煤沥青防腐层结构由一层底漆和多层面漆组成，面漆层间可加玻璃布增强，见表3-7。

表3-7 环氧煤沥青防腐层等级

等级	结构	干膜厚度，mm
普通级	底漆-面漆-面漆-面漆	≥0.30
加强级	底漆-面漆-面漆、玻璃布、面漆-面漆	≥0.40
特加强级	底漆-面漆-面漆、玻璃布、面漆-面漆、玻璃布、面漆-面漆	≥0.60

注：面漆、玻璃布、面漆应连续敷设，也可用一层浸满漆的玻璃布代替。

（三）煤焦油磁漆防腐层

煤焦油磁漆比石油沥青吸水率低，黏结性优于石油沥青，抗植物根茎穿透和耐微生物腐蚀且电绝缘性能好，其使用寿命可达60年以上。煤焦油防腐层对温度比较敏感，施工熬制和浇涂过程容易逸出对环境和人体有影响的有害物质，随着环保要求的限制增加，逐渐被其他覆盖层代替。

（四）溶结环氧粉末外涂层

溶结环氧粉末（FBE）外涂层是近三十年来发展起来的新型防腐层，采用静电喷涂工艺涂敷环氧粉末涂料，一次成膜。

FBE涂层硬而薄，与钢管黏结力强，操作简单，无污染，抗冲击和抗弯曲性能好，适用于温差较大的地段，耐土壤应力和阴极剥离性能最好，但成本高，对除锈等施工质量要求高。目前采用定向钻施工的河流穿越处管道几乎全部采用粉末涂层。

环氧粉末外涂层分为普通级和加强级两个级别，其最小厚度应符合表3-8的规定。

表3-8 环氧粉末外涂层厚度

序号	涂层级别	最小厚度，μm
1	普通级	300
2	加强级	400

（五）聚乙烯防腐层

聚乙烯防腐层（PE）分二层结构和三层结构两种，二层结构底层为胶黏剂，外层为聚乙烯；三层结构的底层为环氧涂料（或底漆、粉末），中间为胶黏剂，外层为聚乙烯。

环氧底漆的主要作用是形成连续的涂膜，与钢管表面直接黏结，具有很好的耐化学腐蚀性和抗阴极剥离性能；与中间层胶黏剂的活性基团反应形成化学黏结，保证整体防腐层在较高温度下具有良好的黏结性。

中间层通常为共聚物黏结剂，其主要成分是聚烯烃，

聚乙烯面层的主要起机械保护与防腐作用，与传统的二层结构聚乙烯防腐层具有同样的作用。

防腐层各层之间相互紧密黏接，形成一种复合结构，取长补短。它利用环氧粉末与钢

管表面很强的黏结力而提高黏结性；利用聚乙烯优良的机械强度、化学稳定性、绝缘性、抗植物根茎穿透性、抗水浸透性等来提高其整体性能。聚乙烯防腐层适用于对覆盖层机械性能、耐土壤应力及阻水性能要求较高的苛刻环境，如碎石土壤、石方段、土壤含水量高、植物根系发达的地区。聚乙烯防腐层是目前国内外优选的涂层，防腐层最小厚度应符合表 3-9 的规定（GB/T 23257—2009《埋地钢质管道聚乙烯防腐层》）。

表 3-9　防腐层厚度

钢管公称直径，mm	环氧涂层，μm	胶黏剂层，μm	防腐层最小厚度，mm	
			普通级（G）	加强级（S）
DN≤100	≥120（不适合二层结构）	≥1700	1.8	2.5
100<DN≤250			2.0	2.7
250<DN<500			2.2	2.9
500≤DN<800			2.5	3.2
DN≥800			3.0	3.7

注：（1）环氧涂层厚度不适用于二层结构聚乙烯防腐层。

（2）缝部位的防腐层厚度不应小于表 3-9 规定值的 70%。

（3）对防腐层机械强度高的地区，应使用加强级。

（六）各绝缘涂层优缺点比较

各绝缘涂层对应不同的施工条件，可根据其性能进行选择，其优缺点见表 3-10。

表 3-10　各绝缘涂层优缺点对表

涂层	优点	不足
石油沥青	使用寿命为 15～30 年，黏结性较好，施工简单，技术成熟	易受细菌侵蚀，劳动条件差，损耗大
环氧煤沥青防腐层	使用寿命在 30 年以上，具有优良的防腐性及良好的黏结力，可以带温冷涂	固化时间长
煤焦油瓷漆	30～100 年的使用寿命，针孔少，与钢材黏结力高，抗阴极剥离	对健康和空气质量有影响
熔结环氧/双层熔结环氧	50～60 年的使用寿命，针孔少，与钢材黏结力高，抗阴极剥离	抗冲击磨损能力较低，吸湿率高
多层环氧/聚烯烃系统	60 年以上的使用寿命，低的保护电流需要量，高的抗阴极剥离能力，与钢材优异的黏结性，高抗冲击和磨损性能	原始投入高，可能对阴极保护电流造成屏蔽

二、阴极保护

（一）阴极保护原理

对被保护金属施加负电流，通过阴极极化使其电极电位负移至金属的平稳电位，从而抑制金属腐蚀的保护方法称为阴极保护。

阴极保护是一种控制金属电化学腐蚀的保护方法。在阴极保护系统构成的电池中，氧化反应集中发生在阳极上（失去电子），从而抑制了作为阴极的被保护金属上的腐蚀。目前常用的有外加（强制）电流阴极保护和牺牲阳极阴极保护两种方法，其示意图分别如图 3-2、图 3-3 所示。

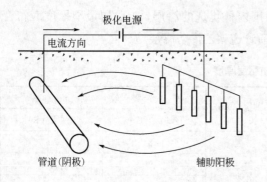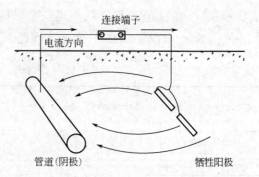

图 3-2　外加电流阴极保护示意图（电解池原理）　图 3-3　牺牲阳极阴极保护示意图（原电池原理）

（二）阴极保护参数

1. 最小保护电流密度

阴极保护时，使腐蚀停止或达到允许程度时所需的电流密度值即最小保护电流密度。

最小保护电流密度的大小取决于被保护金属的种类、表面状况、腐蚀介质的性质、组成、浓度、温度和金属表面绝缘层质量等。

2. 最小保护电位

在阴极保护中，要使金属达到完全保护，将金属加以阴极极化，使它的总电位达到其腐蚀微电池阳极的平衡电位，该电位称为最小保护电位。它的数值与金属的种类、介质条件（成分、浓度等）有关，并可根据经济数据或实验来确定。由于电极过程决定电位，所以这一基本参数是判断金属是否达到完全保护的主要保护参数。而金属管道相对饱和硫酸铜，其最小保护电位为-850mV。

3. 最大保护电位

最大保护电位是指在阴极保护中，所允许施加到金属管道上的阴极极化绝对值最大值，即为使管道的防腐覆盖层不致因通电保护而遭到剥落破坏的极限电位。

最大保护电位因不同材料的绝缘层不同而不同，一般情况下最大保护电位取-1200mV。

4. 自然电位

自然电位是指在未实施阴极保护的情况下，用硫酸铜参比电极测得的管道与其相邻土壤的电位差，自然电位因所测金属管材不同而不同，如表面光滑的低碳钢的自然电位为-0.5～-0.8V。

5. 通电电位

通电电位（V_{on}）是指在实施阴极保护的情况下，用硫酸铜参比电极测得的管道与其相邻土壤的电位差，是极化电位与 IR 降之和，它包括来自强制电流、牺牲阳极和大地等电流源的电流。

6．IR 降

根据欧姆定律，IR 降是指由于电流的流动在参比电极与金属管道之间的电解质内产生的电压降。

7．断电电位

断电电位（V_{off}）是指断电瞬间测得的管道，对电解质的电位，也称为管道的保护电位，最小保护电位、最大保护电位应为测得的瞬间断电电位。

8．管地电位

管地电位是指管道与其相邻土壤的电位差。

9．保护率

保护率是指埋地钢质管道阴极保护程度，要求达到 100%（SY/T 5919—2009《埋地钢质管道阴极保护技术管理规程》），保护率计算式如下。

$$保护率 = \frac{达到保护的管道长度}{管道总长度} \times 100\% \qquad (3-1)$$

10．运行率

运行率是指埋地钢质管道年度内阴极保护有效投运时间与全年时间的比率，要求大于 98%（SY/T 5919—2009《埋地钢质管道阴极保护技术管理规程》），其计算式如下。

$$运行率 = \frac{年底内有效投运时间（h）}{全年时间（h）} \times 100\% \qquad (3-2)$$

11．保护度

保护度是衡量埋地钢质管道阴极保护效果的指标，要求大于 85%（SY/T 5919—2009《埋地钢质管道阴极保护技术管理规程》），保护度计算式如下。

$$保护度 = \frac{G_1/S_1 - G_2/S_2}{G_1/S_1} \times 100\% \qquad (3-3)$$

式中　G_1——未加阴极保护的检查片的失重量，g；

S_1——未加阴极保护的检查片的裸露面积，cm^2；

G_2——施加了阴极保护的检查片的失重量，g；

S_2——施加了阴极保护的检查片的裸露面积，cm^2。

（三）外加电流阴极保护

通过外加直流电源以及辅助阳极，对被保护金属施加阴极电流，使被保护金属电位低于周围环境，从而抑制被保护金属自身的腐蚀过程。该方式主要用于保护大型或处于高土壤电阻率土壤中的金属结构，如长输埋地管道，大型罐群等。

外部电源通过埋地的辅助阳极将保护电流引入地下，通过土壤提供给被保护金属，被保护金属在大地中仍为阴极，其表面只发生还原反应，不会再发生金属离子化的氧化反应，腐蚀受到抑制，而辅助阳极表面则发生丢电子氧化反应，因此，辅助阳极本身存在消耗。

1. 系统组成

外加电流阴极保护系统由直流电源、辅助阳极、被保护管道及附属设施组成。

1）直流电源

强制电流系统要求电源设备能够不断地向被保护金属构筑物提供阴极保护电流，目前管道阴极保护中提供电源设备的常为恒电位仪。

2）辅助阳极

辅助阳极是外加电流阴极保护系统中将保护电流从电源引入土壤中的导电体。通过辅助阳极把保护电流送入土壤，经土壤流入被保护的管道，使管道表面进行阴极极化，电流再由管道流入电源负极形成一个回路，这一回路形成了一个电解池，管道在回路中为负极处于还原环境中可防止腐蚀，而辅助阳极进行氧化反应遭受腐蚀。

辅助阳极主要选择在距被保护管线 300～500m（与管道的距离越远，防腐站输出的电流越均匀，能提高保护长度）的位置，最短距离不小于 50m。土壤电阻率小于 50Ω·m 以下、含水量高的土壤中。在阳极装置与保护管道之间不能有其他金属构筑物，在阳极区附近不宜有其他埋地金属构筑物。

辅助阳极地床是阴极保护站重要的辅助设施，阳极寿命应尽可能长，选择合适的数量并埋在土壤电阻率低的位置以降低阳极接地电阻。辅助阳极地床可分为深井（图 3-4）和浅埋两种形式，其中浅埋又分为立式和水平式两种形式（图 3-5、图 3-6）。

深井阳极适宜于金属构筑物密集区域、难以设置浅埋阳极地床区域、浅埋阳极地床可能对临近金属构筑物产生干扰的区域，以及地表土壤电阻率高的地区。阳极引线应选用铜芯电缆，电缆截面积不宜小于 $10mm^2$，每支阳极或阳极组应有一根导线引向地面，中间不应有接头，阳极引出线与阳极的接触电阻应小于 0.01Ω（SY/T 0096—2013《强制电流深阳极地床技术规范》）。

浅埋阳极应置于冻土层以下，埋深一般不小于 1m，深井阳极宜为 15～300m。

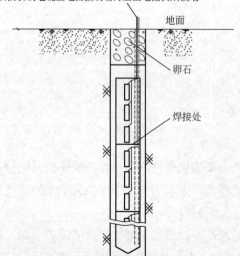

图 3-4　深井阳极地床安装示意图

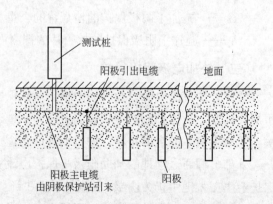

图 3-5　立式浅埋阳极地床安装示意图

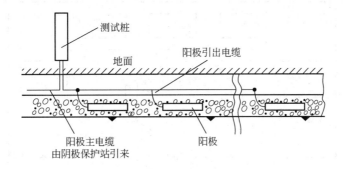

图 3-6 水平浅埋阳极地床安装示意图

常用的阳极材料有高硅铸铁、石墨、柔性阳极以及钢铁等。

（1）高硅铸铁阳极：允许电流密度为 $5\sim80A/m^2$，消耗率应小于 $0.5kg/（A\cdot a）$，常见高硅铸铁阳极规格见表 3-11（GB/T 21448—2008《埋地钢质管道阴极保护技术规范》）。

表 3-11 常见高硅铸铁阳极规格

阳极规格		阳极引线规格	
直径，mm	长度，mm	截面积，mm^2	长度，mm
50	1500	≥10	≥1000
75	1200/1500	≥10	≥1000
100	1500	≥10	≥1000

（2）石墨阳极宜经亚麻油或石蜡浸渍处理，常见石墨阳极规格见表 3-12。

表 3-12 常见石墨阳极规格

阳极规格		阳极引线规格	
直径，mm	长度，mm	截面积，mm^2	长度，mm
75	1000	≥10	≥1000
100	1450	≥10	≥1000
150	1450	≥10	≥1000

（3）柔性阳极由导电聚合物包覆在铜芯上构成，其铜芯截面积为 $16mm^2$，阳极外径为 13mm。

（4）钢铁阳极是指用角钢、扁钢、槽钢或钢管制作的阳极，其消耗率为 $8\sim10kg/（A\cdot a）$。

（5）附属设施主要包括参比电极、测试桩、电绝缘装置、导线、均压线及检查片等。

2．阴极保护系统操作面板及线路连接

恒电位仪广泛用于地下、海水、化工等介质中的管道和电缆以及码头、舰船等金属构筑物中以流阴极保护，根据用户要求可设计为恒压、恒流、恒电位多用恒电位仪。最早应用的阴极保护系统采用的是恒电位仪与控制台分离的形式（如 CB-1 控制台、PS-1 恒电位仪），随着阴极保护系统的发展，目前多采用恒电位仪与控制台一体的形式（如 PC-1B、HPS-2、PS-3E、PS-3G 等）。

1）CB-1、PS-1 操作面板

CB-1 控制台操作面板如图 3-7 所示。

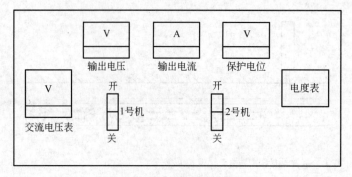

图 3-7　CD-1 控制台操作面板

PS-1 恒电位仪操作面板构成如图 3-8 所示。

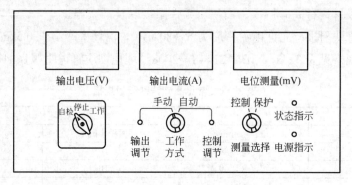

图 3-8　PS-1 恒电位仪操作面板

2）PC-1B 阴极保护系统操作面板

PC-1B 阴极保护系统为一体式控制系统，其操作面板如图 3-9 所示。

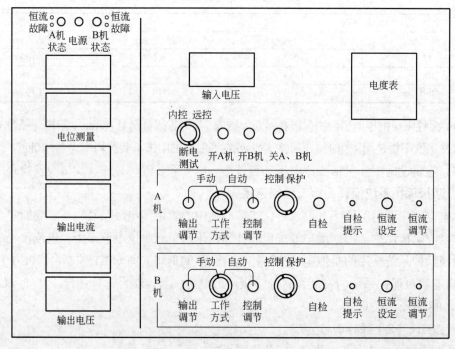

图 3-9　PC-1B 阴极保护系统

3）恒电位仪与现场连线

按图 3-10 进行恒电位仪与现场的线路连接。

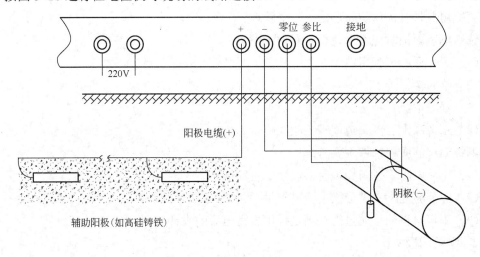

图 3-10　恒电位仪与现场线路连线示意图

3. 恒电位仪基本工作原理

当仪器处于"自动"工作状态时，机内给定信号或外控给定信号和经阻抗变换器隔离后的参比信号一起送入比较放大器，经高精度、高稳定性的比较放大器比较放大，输出误差控制信号，将此信号送入移相触发器，移相触发器根据该信号的大小自动调节脉冲的移相时间，通过脉冲变压器输出触发脉冲调整极化回路中可控硅的导通角，改变输出电压、电流的大小，使保护电位等于设定的给定电位，从而实现恒电位保护。

PS-1 原理方框图（其他型号的恒电位仪方框图类似）如图 3-11 所示。

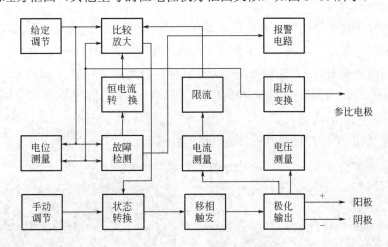

图 3-11　PS-1 原理方框图

（四）牺牲阳极阴极保护法

牺牲阳极阴极保护法采用比被保护金属电位更负的金属材料与被保护金属连接，使被保护金属表面有过剩的电子被阴极极化，从而了防止金属腐蚀。

1. 牺牲阳极适用情况

牺牲阳极适用于敷设在电阻率较低的土壤里、水中、沼泽或湿地环境中的小口径管道或距离较短并带有优质防腐层的大口径管道。

选用牺牲阳极时应考虑是否具有如下因素：

（1）无合适的可利用电源。

（2）临时性保护。

（3）强制电流系统保护的补充。

（4）永久冻土层内管道周围土壤融化带。

牺牲阳极的应用条件主要有：

（1）土壤电阻率或阳极填包料电阻率足够低。

（2）应能够连续提供最大电流需求量。

（3）阳极材料的总质量能够满足提供所需电流的设计寿命。

2. 牺牲阳极材料

常用的牺牲阳极材料有镁合金牺牲阳极、锌合金牺牲阳极以及铝合金牺牲阳极。镁合金牺牲阳极具有高的开路电位、低的电化当量和好的极化特性，比较适用于高电阻率土壤中的金属保护。锌合金牺牲阳极在现场土壤介质中具有长期稳定的开路电位，阳极输出电流能随被保护金属构筑物状态、环境的变化调节，以满足阴极保护要求，电流效率高，可用于海水和土壤中的金属保护。镁合金牺牲阳极、锌合金牺牲阳极是目前埋地钢质管道常用的两种牺牲阳极。铝合金牺牲阳极具有足够负的电位、足够高的理论电流输出，但在中性、弱酸和碱性介质中，铝表面容易形成一层高电阻 Al_2O_3 氧化膜，使铝的电位向较正值方向移动，因此主要用于海洋的金属保护。

1）镁合金牺牲阳极

镁合金牺牲阳极消耗均匀、寿命长、单位质量发电量大，是目前使用比较多的一种理想牺牲阳极材料，适用于土壤、淡水介质中埋地钢质管道的阴极保护。镁合金牺牲阳极分为棒状和带状两种形式，成品阳极按生产方法和形状分为两类（铸造、挤压）、三种形式（梯形、D 形、棒状，其中棒状包括圆棒和矩形棒），梯形、D 形成品如图 3-12、图 3-13 所示，其牌号、生产方法和形状见表 3-13。镁合金牺牲阳极可用于电阻率在 15～150Ω·m 的土壤或淡水环境（GB/T 17731—2015《镁合金牺牲阳极》）。

图 3-12 梯形牺牲阳极

图 3-13 D 形牺牲阳极

表 3-13　镁合金牺牲阳极牌号、生产方法、形状及代号

牌号	生产方法及代号		形状及代号	
	生产方法	代号	形状	代号
AZ63B、M1C	铸造	C	梯形	S
			D 形	D
AZ31B、M1C、AZ63B	挤压	E	棒状（圆棒和矩形）	B

标记示例：
①C-AZ63B-10-S，表示用合金 AZ63B 铸造的重 10kg 的梯形镁阳极；
②E-AZ31B-20-B，表示用合金 AZ31B 挤压的直径为 20mm 的棒状镁阳极

2）锌合金牺牲阳极

锌合金牺牲阳极主要用于高电阻率环境套管内管道的保护、管道临时阴极保护、储罐及管网的保护、防强电干扰的接地栅等，多用于土壤电阻率小于 $15\Omega\cdot m$ 的土壤环境或海水环境，也分棒状和带状两种形式。

3）铝合金牺牲阳极

铝合金牺牲阳极具有极高的电化学性能，单位重量的阳极材料发电量大，在海水及含氯离子的其他介质中，性能良好，发出电流的自调节能力强，常用于船舶、机械设备、海洋工程和海港设施以及海泥中管道、电缆等设施。

4）牺牲阳极填包料

为保证牺牲阳极在土壤中性能的稳定，阳极四周要填充适当的化学填包料，填包料是由石膏粉、膨润土和工业硫酸组成的混合物，常规的牺牲阳极填包料配方见表 3-14。填包料具有改善阳极的工作环境（变阳极与土壤相邻为阳极与填料相邻）、降低阳极接地电阻、增加阳极输出电流、有利阳极产物的溶解、不结块、减少不必要的阳极极化及维持阳极地床长期湿润的作用，常采取袋装、现场钻孔方式填装。

表 3-14　牺牲阳极填包料配配方

阳极类型	质量分数，%			适用土壤电阻率，$\Omega\cdot m$
	石膏粉	膨润土	工业硫酸钠	
镁合金牺牲阳极	50	50	—	≤20
	75	20	5	>20
锌合金牺牲阳极	50	45	5	≤20
	75	20	5	>20

3. 牺牲阳极的埋设方式

棒状牺牲阳极可采用单支或多支成组分布，同组阳极宜选用同一炉号或开路电位相近的阳极；埋设方式有立式和水平式两种；埋设方向分轴向和径向，可安装在管道同侧，也可安装在管道两侧。一般情况下阳极埋设位置应距管道外壁 3～5m，最小不宜小于 0.5m，埋设深度以阳极顶部距地面不小于 1m 为宜，成组埋设时，阳极间距以 2～3m 为宜，阳极

电缆可通过测试装置与管道相连，也可直接焊接在管道上，连接线规格为 VV-Kv/1×10mm^2，其截面不宜小于4mm^2，其安装示意图如图3-14和图3-15所示。

带状牺牲阳极应根据用途和需要与管道同沟敷设或缠绕敷设。

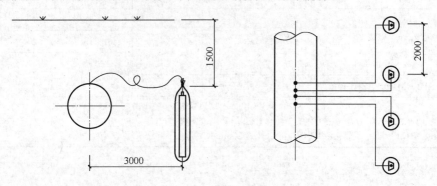

图 3-14　管道一侧安装示意图

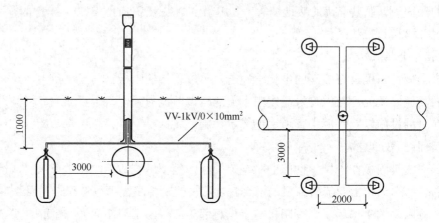

图 3-15　管道两侧安装示意图

4．牺牲阳极阴极保护与外加电流阴极保护的比较

作为管道阴极保护的两种方式，牺牲阳极阴极保护与外加电流阴极保护在实际中都有应用，但在应用范围、使用条件等各方面都存在各自的优缺点，具体对比见表3-15。

表 3-15　牺牲阳极和外加电流两种阴极保护形式对比

保护方法	优点	缺点
牺牲阳极	不需要外部电源	高电阻率环境中不宜使用
	适用于需要局部保护的场合	可以产生有效的电位差，输出电流有限
	对邻近金属构筑物无干扰或干扰小	电流调节比较困难
	工程规模越小越经济	阳极消耗比较大，需定期更换
	维护管理方便	覆盖层质量必须好
	保护电流分布均匀、利用率高	投产调试工作复杂
外加电流	输出电流、电压可调	需要外部电源
	保护电流分布均匀、利用率高	对邻近金属构筑物会产生干扰，导致其腐蚀

续表

保护方法	优点	缺点
外加电流	适用范围广、保护范围大	需经常维修检修, 工作量大
	不受环境电阻率限制	
	工程规模越大越经济	
	保护装置寿命长	

（五）石油天然气站场阴极保护

石油天然气站场阴极保护（即区域阴极保护）与长输管道的阴极保护原理相同，即将某一区域内的所有预保护对象（埋地管道及设备等）作为一个整体进行阴极保护，依靠辅助阳极（多个）的合理分布、保护电流的自由分配以及与相邻设备的电绝缘措施，使保护对象处于有效的保护电位范围。

20世纪60年代国外开始进行区域性阴极保护的研究和应用，并走上强制实施的法制轨道。我国从70年代末、80年代初开始在油田和部分输油站尝试采用区域性阴极保护技术，到90年代中期该技术已相对成熟并开始推广应用。2001年，鄯乌输气管道鄯善首站成为第一个实施区域性阴极保护的压气站，随后鄯乌输气管道所有站场都实施了阴极保护。2010年，结合计算机数值模拟技术，西南油气田分公司首次在重庆气矿讲治站（集输气站）成功应用了阴极保护。

按石油行业标准SY/T 6964—2013《石油天然气站场阴极保护技术规范》要求，石油天然气站场埋地钢质管道、金属设施宜采用防腐层加阴极保护的联合防护措施，而新建的石油天然气站场的阴极保护系统应与主体工程同时设计、同时施工。阴极保护系统应优先采用强制电流方式，对于站内埋地管道较少，地质条件适宜的站场，也可采用牺牲阳极的保护方式。

区域性阴极保护设计应建立在前期调查研究的基础上（如资料的收集及现场勘察、阴极保护电流计算、辅助阳极地床的确定、牺牲阳极材料、阴极保护电源系统，区域性阴极保护数值计算模型建立），然后再进行设计、施工、运行及管理。

尽管区域性阴极保护与管道干线阴极保护在保护原理上相同，但在设计、实施等过程中存在着较大的差异，两者区别见表3-16。

表3-16　区域性阴极保护与管道干线阴极保护区别

内容	管道干线阴极保护	区域性阴极保护
保护对象	多为单一管线	埋地管网、储罐底板等
保护回路	简单	非常复杂
接地系统	管道本身	除埋地管道、罐底板及混凝土基础外，还有避雷防静电接地系统
安全要求	管道在野外埋地，安全要求相对较低	易燃易爆场所，安全要求高
保护电流需求	保护电流主要消耗于防腐层针孔或破损，一般只需较小电流（几安培）	大部分电流通过设备、接地系统漏失，只有小部分电流消耗在管网、储罐上，通常保护电流较大

续表

内容	管道干线阴极保护	区域性阴极保护
阴极保护站的设置	沿管线分布,相距数十公里	在站场内,相对集中
阳极地床设计	多采用浅埋阳极地床,相对简单,安装位置选择余地较大	一般采用多组阳极,安装位置在一定程度上受限制,要达到理想的阳极地床设计非常困难
对外部结构干扰	较少且容易控制	较多且难以控制
屏蔽影响	短路套管、剥离防腐层等导致管道保护屏蔽	金属结构密集排布导致区域内屏蔽
运行调试及后期整改	运行调试较简单,一般不需后期整改	保护回路复杂,需经过反复调试,后期整改必不可少

(六)阴极保护附属设施

阴极保护的附属设施主要包括参比电极、测试桩、电绝缘装置、导线、均压线、检查片等阴极保护设计、施工和维护不可缺少的部分。参比电极及测试桩实物如图 3-16、图 3-17 所示。

图 3-16 参比电极   图 3-17 测试桩

1. 参比电极

参比电极用来测量被保护构筑物的电位,也可作为恒电位仪自动控制的信号源,包括埋地长效参比电极和便携式参比电极。

石油天然气管道常使用耐用性、耐久性较强且耐损坏程度较高的铜-饱和硫酸铜电极作为参比电极,其制作材料和使用方法必须满足下列要求。

(1)铜电极采用紫铜丝或棒(纯度不小于99.7%)。

(2)硫酸铜为化学纯,用蒸馏水或纯净水配制饱和硫酸铜溶液。

(3)渗透膜采用渗透率高的微孔材料,外壳应使用绝缘材料。

(4)流过硫酸铜电极的允许电流密度不大于 $5\mu A/cm^2$。

2. 测试桩

测试桩可用于管道电位、电流、绝缘性能及交/直流干扰等测试。常见的测试桩有钢质测试桩、水泥测试桩和塑料测试桩。其规格以长×直径×壁厚(长×宽×高,mm)表示。为满足测试及维护需要,尽可能使用带有检测接头的测试桩。

3. 导线

恒电位仪的连接导线主要包括阳极线、阴极线、零位接阴线和参比电极线。根据目前西南油气田分公司使用的恒电位仪使用说明书，导线规格要求如下：

阴、阳极导线应采用铜芯线，其截面积的大小应保证流经导线的电流密度小于 $5A/mm^2$，铜芯电缆截面不宜小于 $16mm^2$，零位接阴线采用截面积不小于 $6mm^2$ 的铜芯线，参比电极线采用截面积不小于 $6mm^2$ 的铜芯线，室内其他电源连接线截面积不小于 $4mm^2$。

电缆与管线的焊接可采用铝热焊的方法，焊接位置不应在弯头上或管道焊缝两侧 200mm 范围内。当焊接电缆的截面大于 $16mm^2$ 时，可将电缆芯分成若干股小于 $16mm^2$ 的电缆分开进行焊接。

按 GB/T 21448—2008《埋地钢质管道阴极保护技术规范》要求，阴极保护电缆应采用铜芯电缆，测试电缆截面不宜小于 $4mm^2$，多股连接导线，每股导线的截面积不宜小于 $2.5mm^2$，用于强制电流阴极保护的铜芯电缆截面不宜小于 $16mm^2$，用于牺牲阳极的铜芯电缆的截面积不宜小于 $4mm^2$。

三、杂散电流排流防护

沿规定回路以外流动的电流叫杂散电流。在规定的电路中流动的电流，其中一部分自回路中流出，流入地、水等环境中，形成了杂散电流。当该环境中存在油气管道时，电流从管道的某一部位进入，沿管道流动一段距离后，又从管道另一部位流出进入土壤，在电流流出部位，管道发生腐蚀，该处的腐蚀称为杂散电流腐蚀。

（一）杂散电流形成原理

随着油气管道和电力线路、电气化铁路建设的发展，受地理位置的限制，相互间并行敷设的情况不可避免，电力线路、电气化铁路产生的杂散电流会对油气管道产生强烈的腐蚀作用，电气化铁路干扰程度按表 3-17 进行判定（SY/T 5919—2009《埋地钢质管道阴极保护技术管理规程》）。

表 3-17　电气化铁路干扰程度判定

干扰源距管道距离，m	<50	50~200	>200
干扰程度	重	中	轻

杂散电流主要表现为直流电流、交流电流和大地中自然存在的电流 3 种状态，且具有各自不同的行为和特点，其中对埋地管道有明显腐蚀作用的主要是直流电流。

直流杂散电流主要来源于直流电气化铁道、直流有轨电车铁轨、直流焊机接地极、阴极保护系统中的阳极地床、高压直流输出系统中的接地极等；交流杂散电流主要来源于交流电气化铁路、输配电线路，以及通过阻性、感性和容性耦合在相邻的管道或金属体中产生的交流杂散电流。

世界上城市轨道交通系统绝大多数采用直流供电系统，所以电气化铁路车辆直流供电牵引系统产生的直流杂散电流是造成油气管道杂散电流腐蚀的主要原因。电流从供电所的发电机流经馈电线、电车、轨道，经负极母线返回发电机。在铁轨连接不好、接头电阻大处，部分电流将由轨道绝缘不良处向大地漫流，流入管道后又返回铁轨。这一流动过程形成了两个由外加电位差而建立的腐蚀电池,使铁轨及金属管道均遭受腐蚀。

杂散电流形成原理如图 3-18 所示。在列车牵引电流一定的情况下,杂散电流随着铁轨电阻的增加而增大,随着泄漏电阻的增大而减小,杂散电流流入土壤后会产生地电场,土壤中不同区域之间电位差越大,电流就越大,当土壤电阻率大于管道电阻率时,杂散电流基本上沿着油气管道流动,不再流经土壤。

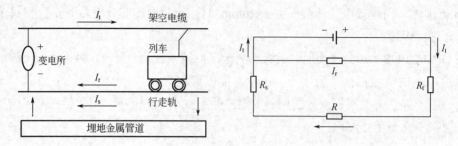

图 3-18　杂散电流形成原理

则杂散电流可通过式(3-4)求得。

$$I_s = \frac{I_t R_r}{R_r + R_t + R_s + R} \tag{3-4}$$

$$R = \rho \frac{l}{A} \tag{3-5}$$

式中　I_s——杂散电流,A;

I_t——牵引电流,A;

R_r——行走轨电阻,Ω;

R_t——负荷端与大地之间的泄漏电阻,Ω;

R_s——变电所与大地之间的泄漏电阻,Ω;

R——土壤的横向电阻,Ω;

ρ——土壤电阻率,Ω·m;

l——负荷端与变电所之间的距离,m;

A——土壤的横向面积,m²。

由于 A 趋向无穷大,因此 R 趋向于零。

(二)杂散电流腐蚀原理

杂散电流进入金属管道的地方带负电,这一区域称为阴极区,处于阴极区的管道一般不会受影响,阴极区的电位值过大时,管道表面会析出氢,造成防腐层脱落,当杂散电流经金属管道回流至变电所时,金属管道带正电,成为阳极区,金属以离子的形式溶于周围介质中造成金属体电化学腐蚀。杂散电流具有局部集中的特征,当杂散电流通过油气管道防腐层的缺陷点或漏铁点流出时,在该部位管道将产生激烈的穿孔事故。防腐层的缺陷点或漏铁点越小,相应的电流密度越大,杂散电流的局部效应越突出,腐蚀速度越快。

杂散电流电化学腐蚀过程反应式如下。

1．析氢腐蚀

阳极反应：

$$2Fe \rightarrow 2Fe^{2+} + 4e^-$$

在无氧酸性环境中的阴极反应：

$$4H^+ + 4e^- \rightarrow 2H_2 \uparrow$$

在无氧中性、碱性环境中的阴极反应：

$$4H_2O + 4e^- \rightarrow 4OH^- + 2H_2 \uparrow$$

2．吸氧腐蚀

阳极反应：

$$2Fe \rightarrow 2Fe^{2+} + 4e^-$$

有氧酸性环境中的阴极反应：

$$O_2 + 4H^+ + 4e^- \rightarrow 2H_2O$$

在有氧中性、碱性环境中的阴极反应：

$$O_2 + 2H_2O + 4e^- \rightarrow 4OH^-$$

（三）杂散电流的防护

1．直流杂散电流判别及排流

1）直流杂散电流判别

处于直流杂散电流干扰源附近的管道，应进行干扰源侧和管道侧两方面的调查测试，当管道任意点上的管地电位较自然电位正向或负向偏移 20mV，或管道附近土壤电位梯度大于 0.5mV/m 时，确认存在直流干扰，当管地电位较自然电位正向偏移值难以测量时，可采用土壤电位梯度进行判定，管地电位正向偏移和土壤电位梯度判断直流干扰程度的指标见表 3-18、表 3-19。

表 3-18　直流干扰程度的判断指标

直流干扰程度	弱	中	强
管地电位正向偏移值，mV	<20	20～200	>200

表 3-19　杂散电流强弱程度的判断指标

杂散电流强弱程度	弱	中	强
土壤电位梯度，mV/m	<0.5	0.5～5	>5

当管道任意点上的管地电位较自然电位正向偏移等于或大于 100mV，或管道附近土壤电位梯度大于 2.5mV/m 时，管道应采取直流干扰防护措施。

2）直流杂散电流干扰排流

将管道中流动的干扰电流，通过人为形成的通路使之直接或间接地流回到干扰源的负回归网络，从而减弱直流电流对管道的干扰影响，这种保护管道的技术称为直流排流，直流排流保护可分为直接排流、极性排流、强制排流和接地排流。

（1）直接排流。

直流排流是指把管道与电气化铁路变电所中的负极或回归线（铁轨）用导线直接连接起来，如图 3-19 所示。这种方法无须排流设备，最为简单，造价低，排流效果好，但是当管道对地电位低于铁轨对地电位时，铁轨电流将流入管道内（称作逆流），所以这种排流，只适用于铁轨对地电位永远低于管地电位的情况。

（2）极性排流。

由于负荷的变动，变电所负荷分配的变化等，管地电位低于铁轨对地电位而产生逆流的现象比较普遍，因此为防止逆流，使杂散电流只能由管道流入铁轨，必须在排流线中设置单向导通二极管整流器、逆电压继电器装置，这种装置称为排流器，而具有这种防止逆流性能的排流法称为极性排流。极性排流原理如图 3-20 所示。

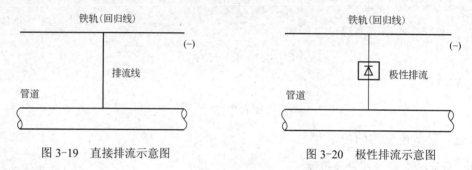

图 3-19　直接排流示意图　　　　　　　图 3-20　极性排流示意图

（3）强制排流。

强制排流是指在油气管道和铁轨的电气接线中加入直流电流，促进排流，原理如图 3-21 所示。这种方式也可看作是利用铁轨做辅助阳极的强制电流阴极保护。在管地电位正负极性交变，电位差小，且环境腐蚀性较强时，可以采用此种防护措施。

（4）接地排流。

与前三种排流方式不同的是，接地排流管道中的电流不是直接通过排流线和排流器流回铁轨，而是连接到一个埋地辅助阳极上，将杂散电流从管道排至辅助阳极，散流于大地，然后再经大地流回铁轨，原理如图 3-22 所示。这种排流方式还可以派生出极性排流和强制排流。虽然排流效果较差，但是在不能直接向铁轨排流时却有优越性，但缺陷点要定期更换阳极。

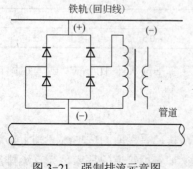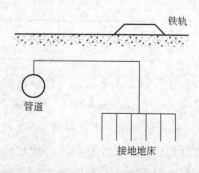

图 3-21　强制排流示意图　　　　　　　图 3-22　接地排流示意图

2．交流杂散电流判别及防护

1）交流杂散电流判别

当管道与高压交流输电线路、交流电气化铁路的间隔大于1000m时，不需要进行干扰调查测试，当相对位置满足需要进行干扰调查测试的条件时，应进行管道交流干扰电压、交流电流密度和土壤电阻率的测量。

当管道上的交流干扰电压不高于4V时，可不采取交流干扰防护措施，当高于4V时，应采用交流电流密度进行评估（交流电流密度计算公式见GB/T 50698—2011《埋地钢质管道交流干扰防护技术标准》），管道受交流干扰的程度及防护措施建议可按表3-20进行判定和处理。

表3-20　交流干扰程度判断指标

交流干扰程度	弱	中	强
交流电流密度，A/m^2	<30	300~100	>100
交流干扰防护措施建议	可不采取	宜采取	应采取

2）交流杂散电流持续干扰防护

交流杂散电流持续干扰常采取接地的方式进行防护，接地方式包括直接接地、负电位接地、固态去耦合器接地。

（1）直接接地。

直接接地是指把管道与钢质接地体直接用导线连接起来，如图3-23所示。这种方式适用于阴极保护站保护范围小的被干扰管道，具有简单经济，减轻干扰效果好的优点，但应用范围小，会有阴极保护电流漏失。

（2）负电位接地。

负电位接地把管道与锌阳极接地体直接用导线连接起来，如图3-24所示。这种方式适用范围广，能有效隔离阴极保护电流，且启动电压低，减轻干扰效果好，但价格高。

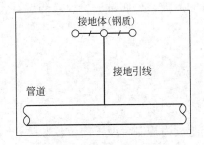

图3-23　直接接地

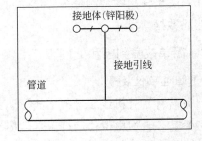

图3-24　负电位接地

（3）固态去耦合器接地。

固态去耦合器接地是指在管道与接地体间接入固态去耦合器，如图3-25所示。这种方式适用于干扰区域管道与强制电流保护段隔离，且土壤环境适宜于采用牺牲阳极阴极保护的干扰管道。

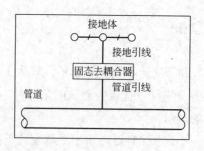

图 3-25　固态去耦合器接地

四、恒电位仪操作及阴极保护数据测量

（一）恒电位仪操作及维护

1．恒电位仪的基本操作

以 PS-1 为例介绍恒电位仪的基本操作。

（1）接通外接 220V 交流电源，交流电压表应指示供电电压，电位表应能指示通电点的电位。

（2）打开控制台的 1 号机电源开关或 2 号机电源开关，其指示灯应有相应指示。

（3）将恒电位仪面板上"输出调节"旋钮逆时针旋到底，将"工作方式"开关置"自动"挡，"测量选择"置"控制"挡；

（4）断开现场阳极线，将电源开关扳至"自检"挡，仪器"电源指示"灯亮"状态指示"灯显橙色，各面板表应均有显示。顺时针旋动"控制调节"旋钮，将控制电位调到欲控值上，此时，仪器工作于"自检"状态，测量选择开关在"控制"与"保护"之间拨动，电位表显示值基本不变，表明仪器正常；

（5）接上现场阳极线，将电源开关扳至"工作"挡，此时仪器对被保护体通电。根据现场管道实际情况，旋动"控制调节"旋钮使管道电位达到欲控值。

（6）阴极保护参数测量主要是为阴极保护系统的监控、外腐蚀评价以及防腐蚀设计提供直接的数据。

2．简单故障判断和处理

1）恒电位仪故障

（1）若开 1 号机或 2 号机，故障现象相同，一般为现场故障。

（2）若一台恒电位仪运行正常，另一台故障，一般为控制台或恒电位仪故障，可通过断开阳极线，把故障机置"自检"工作状态进行检查，若自检正常则判断为控制台故障，若不正常，则判断该恒电位仪有故障。

（3）确定为恒电位仪故障后，应根据电路工作原理分析，在排除故障时应按照稳压电源、触发电路、过流报警、比较放大的顺序检查。仪器置"手动"工作状态，若工作正常，输出调节有效，说明主回路、稳压电源、触发电路工作正常，故障在自动部分，可先去掉报警、限流集成板试机，若仪器恢复工作，说明报警、限流部分有故障，可分别插回集成板，从而判断故障集成板。若去掉报警、限流集成板，仪器工作不正常，则故障可能在比较器和阻抗变换回路，可分别用好的集成板试机。

（4）当恒电位仪置"手动"状态不能正常工作时，可先查各熔断器是否完成，数字表显示是否正常，稳压电源各组电压是否正常。检测触发电路时，可先用好的触发板试机，当确定为触发板故障后，再依次测试各级元件是否有损坏。

（5）如各控制板正常，则故障可能在主回路，可查经变压器的电压是否正常，整流回路的二极管、可控硅是否被击穿造成开路或短路。

（6）当通过以上检测恒电位仪正常，说明为现场故障时，可依次检查阳极、阴极和参比电极。当阳极电缆断开或阳极接地电阻高到一定值时，恒电位仪输出电压升高，输出电流为零。当阴极电缆线断开时，不仅恒电位仪输出电压增高，输出电流为零，而且电位溢出。判断此故障，可将阴极线与零位接阴线从恒电位仪断开，用万用表电阻挡测量两电缆是否导通，以判断阴极或零位接阴线是否断开。

（7）当仪器输出电流较高时，可能存在管道防腐层破损严重、防腐层绝缘电阻小或存在管线搭接等问题。

（8）参比电极电缆断开或参比电极流空，恒电位仪输出电流则出现漂移。

2）接线判断

控制台（或恒电位仪）后4个接线端，分别连接现场的阳极输出电缆、阴极输出电缆、参比电极电缆及零位接阴电缆。

（1）根据接线方式，零位接阴与阴极输出电缆同接至管道上，因此通过万用表通断功能区分出零位接阴和阴极输出电缆。

（2）再取零位接阴和阴极输出电缆中的一根与另两根电缆进行电位测试，从而判别出参比电极和阳极输出电缆。

（3）将阳极输出和参比电缆与恒电位仪相连，再将零位接阴或阴极输出电缆中的某一个接至零位接阴端，通过开机进行判断，如果出现恒电位仪输出电压增高，输出电流为零，而且电位溢出的现象，则该连接电缆为零位接阴电缆（或零位接阴或阴极输出电缆中的某一个接至阴极端，开机后如果出现仪器无输出，电流、电压为零，则该连接电缆为阴极输出电缆）。

3. 日常阴极保护数据测量

（1）每月切换恒电位仪一次，并记录恒电位仪的输出电压、输出电流、保护电位数据，记录格式参见附表1。

（2）开机率大于98%，管道有效保护率要求达到100%。

（3）管道的阴极保护电位值在-0.85～-1.25V之间。不同管材、腐蚀环境等条件下的保护电位参数应控制在 SY/T 5919—2009《埋地钢质管道阴极保护技术管理规程》规范要求之内。

（4）沿线管道保护电位应每月测试2次。

（5）至少每月检测1次汇流点（即通电点）电位，记录汇流点电位、输出电压与电流。

（6）每年测试1次管线沿线自然电位。

（二）阴极保护参数测量方法

1. 管地电位测量

管地电位测量常采用数字万用表进行测量，测量时将电压表的负接线柱（COM 端）与硫酸铜电极连接，正接线柱（V 端）与管道连接，管地电位测量接线如图 3-26 所示。数字万用表指示的是管道相对于参比电极的电位值，正常情况下显示负值。

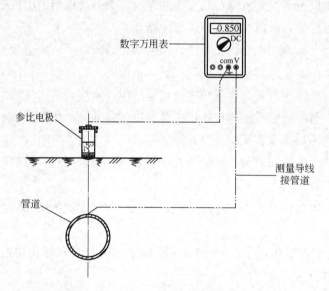

图 3-26　数字万用表管地电位测量连接图

2. 自然电位测量

自然电位是了解管道基本情况和去极化电位测试的基准数据，其测量步骤如下：

（1）测量前管道应没有施加阴极保护，已进行阴极保护的管道应在完全断电 24h 后再进行测量。

（2）测量时，将硫酸铜电极放置在管顶正上方地表的潮湿土壤上，并保证硫酸铜电极底部与土壤接触良好。

（3）按图 3-26 的测量接线方式连接电压表与管道及硫酸铜电极。

（4）将电压表调至适宜的量程上，读取的数据即为管道的自然电位。

3. 通电电位测量

通电电位（V_{on}）测量步骤如下：

（1）测量前，管道阴极保护运行正常，且已充分极化。

（2）测量时，将硫酸铜电极放置在管顶正上方地表的潮湿土壤上，并保证硫酸铜电极底部与土壤接触良好。

（3）管地通电电位测量接线如图 3-26 所示。

（4）将电压表调至适宜的量程上，读取的数据即为管道的通电电位。

4. 断电电位测量

电化学的极化电位和土壤中的 IR 降具有不同的时间常数，因此，保护电流所引起的电压降可通过瞬时断开保护电流来予以消除。断电电位（V_{off}）测量步骤如下：

（1）在测量之前管道阴极保护正常运行，且已充分极化。

（2）测量时，在所有电流能流入管道的阴极保护电源处安装电流同步断续器，并设置在合理的周期性通/断循环状态下同步运行，同步误差小于0.1s。合理的通/断循环周期和断电时间的设置原则：断电时间应尽可能地短，以避免管道明显的去极化，但又应保证有足够长的测量采集时间，且采集的值为消除冲击电压影响后的读数。为了避免管道明显的去极化，断电期一般不大于3s，典型的通/断周期设置为：通电12s，断电3s。

（3）将硫酸铜电极放置在管顶正上方地表的潮湿土壤上，并保证硫酸铜电极底部与土壤接触良好。

（4）管地断电电位测量接线如图3-26所示。

（5）将电压表调至适宜的量程上，读取数据，读数应在通/断电0.5s之后进行。

（6）测得的断电电位即为硫酸铜电极安放处的管道保护电位。

以上4种参数的测量数据记录表见附表2。

5. 密间隔电位测量

密间隔电位测量（CIPS）主要是对管道阴极保护系统的有效性进行全面评价。密间隔电位测量法可以测量管道沿线的通电电位和断电电位，结合直流电位梯度法（DCVG）可以全面评价管线阴极保护系统的状况，并查找防腐层破损点及识别腐蚀活跃点。但必须同步中断保护电流。

如果管段的覆盖层（如铺砌路面、冻土、钢筋混凝土、含有大量岩石的回填物）导电性很差，管道因防腐层剥离或有绝缘物造成了电屏蔽，会影响到测量的结果。

密间隔电位测量方法如图3-27所示。

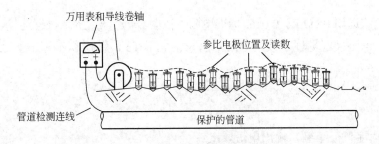

图3-27 密间隔电位测量连接图

密间隔电位测量步骤如下：

（1）在管道阴极保护正常运行的情况下，检查测量主机的电池电量。

（2）在管道所有电流流入点的阴极保护直流电源处安装电流同步断续器，并设置合理的周期性同步运行通/断状态，通常通/断时间设置为通800ms、断200ms或通4s、断1s或通12s、断3s。

（3）CIPS测量主机（或数字万用表）一端与测试桩连接，另一端与探杖（硫酸铜参比电极）连接。

（4）打开 CIPS 测量主机，设置 CIPS 测量模式，设置与同步断续器相同的通断时间，并设置合理的断电电位测量延迟时间，通常设为 50～100ms。

（5）从测试桩开始，沿管道以密间隔（1～3m）移动探杖，记录存储每次测量的通电电位和断电电位，并记录探杖每次距测试桩的距离。

利用计算机处理测量数据，计算每处测量的多组通/断电位数据平均值。以距离为横坐标，通/断电位为纵坐标绘制出测量的电位分布曲线图。

6．牺牲阳极输出电流测量

牺牲阳极输出电流测量有标准电阻法和直测法两种方法，直测法应选用 $4\frac{1}{2}$ 位的数字万用表，用数字万用表 DC 10A 量程直接读出电流值，其测量接线如图 3-28（a）所示。

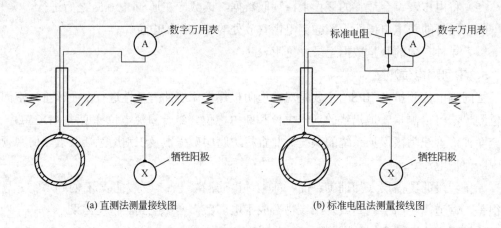

(a) 直测法测量接线图   (b) 标准电阻法测量接线图

图 3-28　牺牲阳极输出电流测量方法

标准电阻法选用 0.1Ω 或 0.01Ω 标准电阻，按图 3-28（b）所示进行连接，并将数字万用表置于 DC 电压最低量程。接入导线的总长不大于 1m，截面积不宜小于 2.5mm²。输出电流按式（3-6）进行计算。

$$I = \frac{\Delta V}{R} \tag{3-6}$$

式中　I——牺牲阳极（组）输出电流，mA；

　　　ΔV——数字万用表读数，mV；

　　　R——标准电阻阻值，Ω。

7．牺牲阳极开路电位测量

牺牲阳极开路电位即牺牲阳极在给定电解质中的自然腐蚀电位，牺牲阳极开路电位测量法适用于测量牺牲阳极在埋设环境中与管道断开时的开路电位，测量时，断开牺牲阳极与管道的连接，将数字万用表的正极与牺牲阳极连接，负极与硫酸铜电极连接即可测出开路电位值，其测量接线如图 3-29 所示。

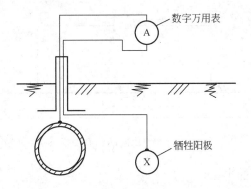

图 3-29　牺牲阳极开路电位测量接线图

8．牺牲阳极闭路电位测量

牺牲阳极闭路电位测量应采用远参比法，测量时将硫酸铜电极朝远离牺牲阳极的方向逐次安放在地表上，第一个安放点距管道测试点不小于 20m，以后逐次移动 5m。当相邻两个安放点测试的管地电位差小于 2.5mV 时，参比电极不再向远方移动，取最远处的管地电位值作为该测试点的管道对远方大地的电位值。牺牲阳极闭路电位测量接线如图 3-30 所示。

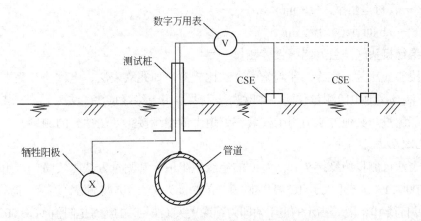

图 3-30　牺牲阳极闭路电位测量接线图

9．管内电流测量

在被测管段无支管、无接地极，且管道管径、壁厚、管材电阻率已知时，可按图 3-31 所示的接线示意图进行管内电流测量。

管内电流电压降法测量步骤如下：

（1）按图 3-31 连接测量线路。

（2）测量 a、b 两点间的管线长度 L_{ab}，误差不大于 1%，L_{ab} 的最小长度应根据管径大小和管内的电流量决定，最小管长应保证 a、b 两点之间的电位差不小于 50μV，一般 L_{ab} 取 30m。

（3）采用电位差计测量 a、b 两点之间的电位差 V_{ab}。

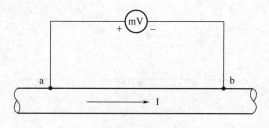

图 3-31　电压降法测量接线图

（4）计算 ab 段管内的电流。

ab 段管内电流按式（3-7）进行计算。

$$I = \frac{V_{ab}\pi(D-\delta)\delta}{\rho L_{ab}} \tag{3-7}$$

式中　I——流过 ab 段的管内电流，A；

　　　　V_{ab}——ab 间的电位差，V；

　　　　D——管道外径，mm；

　　　　δ——管道壁厚，mm；

　　　　ρ——管材电阻率，$\Omega \cdot mm^2/m$；

　　　　L_{ab}——ab 间管道长度，m。

10．绝缘接头（法兰）绝缘性能测量

绝缘接头（法兰）绝缘性能测量的方法比较多，如兆欧表法、电位法、漏电电阻法、PCM 测量法及接地电阻测量仪法。兆欧表法主要适用于绝缘接头（法兰）未安装在管道前的绝缘性能测量，其他方法适用于安装在管道上的绝缘接头（法兰）的测量。

1）兆欧表法

兆欧表法可测量绝缘接头（法兰）的绝缘电阻值，其测量方法比较简单，用两根导线将 500V/500MΩ（误差不大于 10%）兆欧表与绝缘接头（法兰）两端进行连接，摇动手柄到规定的转速并持续 10s，稳定指示的电阻值即为绝缘接头（法兰）的绝缘电阻值（GB 50369—2014《油气长输管道工程施工及验收规范》规定绝缘电阻值应大于 2MΩ，SY/T 0516—2016《绝缘接头与绝缘法兰技术规范》规定绝缘电阻值应大于 10MΩ）。

2）电位法

（1）如图 3-32（a）所示，用数字万用表测量未保护端 a 端分别在管道阴极保护未通电和通电下的电位值 V_{a1}、V_{a2} 及在通电下的 b 端的电位值 V_b。

（2）如果 V_{a1} 与 V_{a2} 变化不大，则可认为绝缘接头（法兰）的绝缘性能良好。

（3）如果 $|V_{a2}| > |V_{a1}|$，且 V_{a2} 接近 V_b 值，则绝缘接头（法兰）可能存在漏电，此时如果非保护端管道与保护端管道没有搭接，则可判定绝缘接头（法兰）绝缘性能很差。

但在实际生产中，绝缘接头（法兰）都安装在站场内，且进出站内埋地输送管道往往不止一条，一旦测出如上述（3）所示的值，也不容易确定站内漏电是由于存在内搭接还是所测接头或其他绝缘接头（法兰）漏电所引起的。

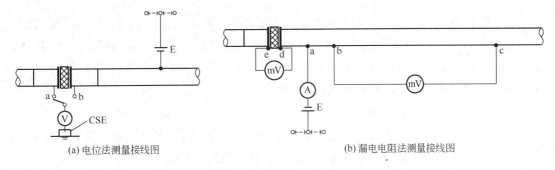

(a) 电位法测量接线图　　　　　　　　　　　　(b) 漏电电阻法测量接线图

图 3-32　电位法及漏电电阻法测量接线图

3）漏电电阻法

按图 3-32（b）所示的测量接线进行漏电电阻或漏电百分率测量。绝缘法兰（接头）漏电电阻测量步骤如下：

（1）按图 3-26 所示接线方式连接好测量线路，并按图 3-32（b）所示进行测量，其中 a、b 之间的水平距离不得小于管道周长，bc 段的长度宜为 30m。

（2）调节强制电源 E 的输出电流 I，使保护侧的管道达到阴极保护电位值。

（3）用数字万用表测量绝缘法兰（接头）两侧 d、e 间的电位差 ΔV。

（4）按电压降法测试 bc 段的电流 I_1。

（5）计算绝缘法兰（接头）漏电电阻，计算式如下：

$$R_H = \frac{\Delta V}{I - I_1} \tag{3-8}$$

式中　R_H——绝缘法兰（接头）漏电电阻，Ω；

　　　I——强制电源 E 的输出电流，A；

　　　I_1——bc 段的管内电流，A。

计算绝缘法兰（接头）漏电百分率，按式（3-9）计算：

$$\eta = \frac{I - I_1}{I} \times 100\% \tag{3-9}$$

式中　η——漏电百分率，%。

若测试结果为 $I_1 > I$，则认为绝缘法兰（接头）的漏电电阻无穷大，漏电百分率为零，绝缘法兰（接头）的绝缘性能良好。

11．接地电阻测量

接地电阻测量分为长接地体电阻测量法和短接体电阻测量法。强制电流辅助阳极地床（浅埋式或深井式）、对角线长度大于 8m 的棒状牺牲阳极组或长度大于 8m 的锌带，采用长接地电阻测量法，对角线长度小于 8m 的棒状牺牲阳极组或长度小于 8m 的锌带，采用短接地电阻测量法，测量数据记录参见附表 3。

1）长接地电阻测量法

长接地电阻测量法步骤如下：

（1）按图 3-33（a）或图 3-33（b）所示进行接线。

（2）按图 3-33（a）所示接线测量时，d_{13} 不得小于 40m，d_{12} 不得小于 20m。在土壤电阻率较均匀的地区，d_{13} 取 $2L$，d_{12} 取 L；在土壤电阻率不均匀的地区，d_{13} 取 $3L$，d_{12} 取 $1.7L$。

（3）测量时，电位极沿接地体与电流极的连线移动 3 次，每次移动的距离为 d_{13} 的 5% 左右，若 3 次测试值接近，取其平均值作为长接地体的接地电阻值；若测试值不接近，将电位极往电流极方向移动，直到测试值接近为止。

（4）采用图 3-33（b）所示的三角形测试时，要求 d_{13} 等于 d_{12} 且不小于 $2L$。

（5）转动接地阻测量仪手柄，使发电机达到额定转速，调节平衡旋钮，直到电表指针停在黑线上，此时黑线指示的刻度盘值乘以倍率即为接地电阻值。

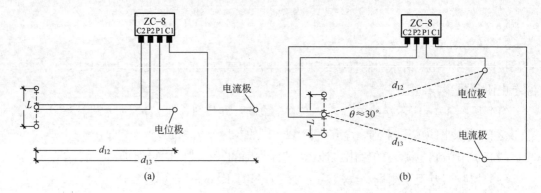

图 3-33　长接地体电阻测量接线示意图

2）短接地电阻测量法

短接地电阻测量法操作步骤如下：

（1）断开牺牲阳极与管道的连线。

（2）如图 3-34 所示，沿垂直于管道的一条直线布置电极，d_{13} 取 40m 左右，d_{12} 取 20m 左右。

（3）转动接地阻测量仪手柄，使发电机达到额定转速，调节平衡旋钮，直到电表指针停在黑线上，此时黑线指示的刻度盘值乘以倍率即为接地电阻值 R。

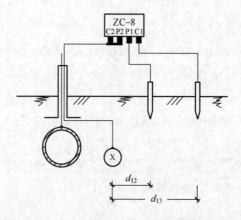

图 3-34　短接地体电阻测量接线示意图

12.　土壤电阻率测量

土壤电阻率的测量有等距法和不等距法两种方法。等距法适用于从地表至深度为等距离值（a）的平均土壤电阻率的测量；不等距法适用于测深不小于 20m 情况下土壤电阻率的测量，测试数据记录表见附表 4。

1）等距法

等距法测量土壤电阻率步骤如下：

（1）按图 3-35 所示进行接线，等距法采用四极法进行测量（常采用仪器 ZC-8，误差不大于 30%）。

（2）将测量仪的四个电极以等距 a 布置在一条直线上，电极入土深度应小于 a/20。

（3）转动接地阻测量仪手柄，使发电机达到额定转速，调节平衡旋钮，直到电表指针停在黑线上，此时黑线指示的刻度盘值乘以倍率即为接地电阻值 R。

（4）计算土壤电阻率，计算式如下：

$$\rho = 2\pi a R \qquad (3-10)$$

式中　ρ——地表至深度 a 土层的平均土壤电阻率，$\Omega \cdot m$；

　　　a——相邻两电极之间的距离，m；

　　　R——接地电阻仪示值，Ω。

2）不等距法

不等距法测量土壤电阻率的步骤如下。

（1）按图 3-36 所示进行接线。

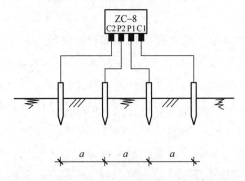

图 3-35　等距法土壤电阻率测量接线示意图　　图 3-36　不等距法土壤电阻率测量接线示意图

（2）确定四个电极的间距，此时 $b > a$。a 通常取 5～10m，b 根据下式计算：

$$b = h - \frac{a}{2} \qquad (3-11)$$

式中　b——外侧电极与相邻内侧电极之间的距离，m；

　　　h——测深，m；

　　　a——相邻两内侧电极之间的距离，m。

（3）根据确定的间距将四个电极布置在一条直线上，电极插入深度应小于 a/20。

（4）转动接地阻测量仪手柄，使发电机达到额定转速，调节平衡旋钮，直到电表指针停在黑线上，此时黑线指示的刻度盘值乘以倍率即为接地电阻值 R，若 R 值小于零，应加大 a 值并重新布置电极。

（5）计算土壤电阻率，计算式如下：

$$\rho = \pi R\left(b + \frac{b^2}{a}\right) \tag{3-12}$$

式中　ρ——地表至深度 h 土层的平均土壤电阻率，$\Omega \cdot m$；

　　　　a——相邻两电极之间的距离，m；

　　　　R——接地电阻仪示值，Ω。

第三节　管道内腐蚀控制技术

内腐蚀是管道系统老化的重要因素之一，会造成管道结构强度降低，甚至穿孔、泄漏，内腐蚀引起的事故往往具有突发性和隐蔽性，后果一般比较严重。而输气管道随着气田逐渐进入开发的中后期，天然气中含水量、二氧化碳和硫化氢等腐蚀性介质的含量也在逐渐增加，从而也加速了天然气输送管道的内腐蚀。

管道内腐蚀控制除在设计过程中要选取与介质相匹配的管道材质外，还应该采取脱除腐蚀性介质处理（如脱水处理、脱氧处理）和其他减缓腐蚀措施（如选择内涂层和内衬里、加注缓蚀剂、定期清管）以及腐蚀检测和监测等措施进行防护，也可根据腐蚀性杂质含量和气体或液体组分及工矿条件来预测可能造成的有害影响，必要时可进行内腐蚀评价。

一、管道内涂层技术

管道内涂层技术是可以有效防止管道发生内腐蚀，同时提高输量的有效手段，并且对于干线输气管道尤为显著。因此，基于减阻为主要目的的管道内涂层技术自 20 世纪 60 年代以来发展更为迅速。减阻内涂层技术的优点主要表现为：降低管道内壁粗糙度，减小流动摩擦阻力从而增加输量，在设计输量一定时可以降低输送压力、扩大增压站间距、降低动力消耗、节约钢材和施工费用，确保输送介质纯度，减小维护、清管次数和降低维护费用，避免管内壁沉淀物的聚积，延长管道和清管器寿命。目前，钢质管道上常采用的内防腐层有熔结环氧粉末内防腐层、液体环氧涂料内防腐层等。

（一）内涂层技术现状及发展趋势

20 世纪早期，内涂层最早应用于水管道，而油气管道应用内涂层的最早报道是 1940年，其初始目的是为了防止蜡沉积，改善原油流动性能。1953 年，内涂层第一次在美国一条直径为 20in 的天然气管道上投入使用。研究人员对氯丁橡胶、聚乙烯、醇酸树脂、环氧煤焦油、聚氨酯、环氧树脂等 38 种不同类型的涂料进行了研究和筛选，最终得出结论认为：环氧树脂型涂料是最适合于天然气管道行业的内覆盖层材料。经过几十年的应用发展，管道内涂层的涂料生产和施工技术日趋成熟，油气管道公司也充分认识到了管道内涂层的优越性。

与国外相比，国内虽然已在内涂层技术方面研究多年，但主要应用于油气田腐蚀性介质的集输管道和注水管道上用于防腐蚀。但是，自 20 世纪 60 年代中期到西气东输工程之前，我国天然气管道建设虽有了较大的发展，已建成各种管径和输送压力的主干线几千公里，但没有使用过内涂层。2000 年开始，西气东输工程在国内首次采用减阻内涂层技术，采用内涂层后，减少压气站 3 座，每年减少燃气消耗 $1.6 \times 10^8 m^3$，经济效益显著。另外，国内也已经形成了内涂层技术的一些标准，如 SY/T 0442—2010《钢制管道熔结环氧粉末内防腐层技术标准》、SY/T 0457—2010《钢制管道液体环氧涂料内防腐层技术标准》。

（二）内涂层技术的实施标准及工艺要求

目前国内很多大油田都已采用了以防腐为目的的内覆盖层，并制定了相应的工艺标准，如 SY/T 4076—2016《刚质管道液体涂料风送挤涂层技术规范》、SY/T 0544—2016《石油钻杆内涂层技术条件》、SY/T 4078—2014《钢质管道内涂层液体涂料补口机补口工艺规范》、SY/T 671—2016《油管和套管内涂层技术条件》等。

1．涂料的选择

1）涂层的性能

内涂层主要有两个功能，一是减阻，二是防腐，主要应用于油气田腐蚀介质的集输管道和注水管道上进行防腐，延长管道寿命。

2）油气管道内涂层使用涂料的技术要求

油气管道内涂层使用的涂料需具有以下性能：

（1）良好的防腐性能。

（2）耐压性：能够承受水压实验和输送介质的压力，并可承受压力的反复变化。

（3）易于涂装：在常温常压条件下，采用普通喷涂技术即可进行喷涂工作。

（4）化学稳定性：能耐压缩机润滑油、醇类、汽油等物品的腐蚀，在输送的油气及可能产生的凝积物中呈中性（化学）。

（5）良好的黏结性及耐弯曲性：要求涂层附着力强，在管道储运、现场弯管、敷设和运行、清管过程中不脱落。

（6）耐热性：考虑到管道的外防腐层环氧粉末喷涂时的管壁温度在 230℃ 左右，内涂层应能耐受外涂覆的高温。

（7）耐磨性和硬度：应具有足够的硬度，能承受管道内砂粒、腐蚀物和清管器等造成的磨损。

（8）涂层光滑：具有减阻作用的内涂层表面应光滑，摩阻系数要小。

2．涂敷技术

1）管道的内涂敷施工工艺

油气管道的防腐涂料多以环氧树脂作基料。一般的施工中，主要采用底漆-中间层-面漆的结构形式，以期达到比较满意的防腐效果。管道的内涂敷工艺一般可分为两种，即工厂涂敷法和现场涂敷法。前者一般用于新建管线，后者用于现役老管道的修复。

2）工厂预制涂敷法的工艺流程

厂内管道内壁涂敷的典型工艺流程：预加热→内抛丸除锈→空气吹扫→检测→固化→涂层质量检测→安装坡口保护物，做标记→喷涂。

3）内涂敷的主要工艺步骤

内涂敷的主要工艺流程为：管道预热→表面处理→除尘→端部胶带保护→无气喷涂→

加速固化→检验→堆放（储存待运）。

4）钢管的内喷涂

管内壁在喷砂除锈清理干燥后应立即进行喷涂。大口径输油气管道内壁液体环氧涂料的喷涂，主要采用高压无空气型压送涂料的方式。这种喷涂方法的原理是，将压缩空气注入喷气机后利用活塞原理将涂料室的压力提高到一定水平（7~8MPa），涂料在高压作用下分子裂解后重新聚合产生互穿网络交链反应。涂料注入高压喷枪经过滤后，由螺旋式送料器推向喷头，形成球面向管壁喷涂。对于环氧粉末涂料，国外普遍采用的方法是静电涂法，基本原理是高压静电感应吸引。

3．涂层防腐管道焊口补涂施工方案

内涂层补口是指用补口机对已经涂敷内涂层的钢制管段进行现场组对焊接后的内环缝涂敷液体涂料的过程。对油气管道减阻型内涂层而言，由于所输油气经过脱硫、脱水处理，腐蚀性很小，涂层的主要作用是减阻，而不是防腐，因此管子的焊缝一般不做补口处理。但对输送腐蚀性介质的油气管道而言，补口质量的好坏影响到整个涂层的防腐性能，所以补口就成了一个很重要的问题。根据现场施工经验及其他相关行业的有关知识，可焊口采取 3 种补涂方案，即：利用记忆合金特性连接管道、在焊口一定范围内喷涂稀土铝合金，焊接后及时补涂焊口防腐涂料、用外套压接管道。

二、管道缓蚀剂加注腐蚀控制工艺

缓蚀剂是以适当的浓度和形式存在于环境（介质）中时，可以防止或减缓材料腐蚀的化学物质或复合物，因此缓蚀剂也可以称为腐蚀抑制剂。它的用量很小（0.1%~1%），但效果显著。这种保护金属的方法称为缓蚀剂保护。缓蚀剂包括加氢缓蚀剂、焦化缓蚀剂及油气田缓蚀剂等。

为抑制管道内壁腐蚀，四川气田于 1972 年开始采用以加注缓蚀剂为主的防护措施，对抑制管道的内壁腐蚀减薄和爆管事故起到了积极的作用。三十多年来，在集输管道上曾先后使用过多种缓蚀剂（GP-1、PW-2、CT2-19 及 CT2-19B 等），缓蚀剂的品质不断得到改善，同时加注工艺也有所改进。

目前川东地区集输管道抑制管道内腐蚀主要采用常规加注缓蚀剂，依靠输送介质携带缓蚀剂在管道内壁成膜的方法，由于其缓蚀效能及管道保护距离在很大程度上受气流速度、管道敷设地势陡缓、缓蚀剂雾化程度及泵压等因素的影响，因此缓蚀剂常规加注方法在抑制输气管道内腐蚀的实际应用中存在一定的局限性，而现有的集输管道缓蚀剂预膜尚存在一些有待深入研究的问题，特别是适应性、耗剂及膜质量控制问题等。

缓蚀剂可以在金属表面形成非金属膜隔离溶液和金属，使金属材料免遭腐蚀，从而达到防止金属腐蚀的目的。缓蚀剂保护是一种重要的腐蚀控制与防护技术，具有用量少、投资少、见效快、使用方便及设备简单等优点。

（一）集输管道缓蚀剂常规加注工艺

1．滴注工艺

20 世纪 60 年代以来，四川各个酸性气田井口及管线广泛采用滴注工艺，其工作原理是将缓蚀剂配成所需浓度，通过在管线上设置高差 1m 以上的高压平衡罐，依靠其高差产生的重力，通过注入器，滴注到或管道内并依靠气流速度将缓蚀剂带走。此加注工艺简便，然而缓蚀剂的效率和管道保护距离将随气流速度大小、管道铺设的地势陡缓而变化。

2．喷雾泵注工艺

目前川东地区管道已经普遍采用了喷雾泵注工艺，其工作原理是：缓蚀剂储罐（高位罐）内的缓蚀剂灌注到高压泵内，经过高压加压送到喷雾头，缓蚀剂在喷雾头内雾化，喷射到管道内，雾化后的缓蚀剂液滴能够比较均匀地附着在管道内表面上形成保护膜，喷雾泵注工艺的技术关键是喷雾头，其雾化效果好坏决定了缓蚀剂的保护效果。在现场缓蚀剂加注系统上可选用合适排量的柱塞隔膜计量泵进行缓蚀剂的加注。可行的情况下将小排量的柱塞隔膜计量泵加工成橇装装置，可以机动灵活地调节缓蚀剂的加量和连续加注的频率，保证最好的缓蚀剂使用效果。

3．引射注入工艺

引射注入工艺的工作原理是：储存在中压平衡缓蚀剂罐内的缓蚀剂，在该罐与引射器高差所产生的压力下滴入引射器喷嘴前的环形空间，缓蚀剂在喷嘴出口高速气流冲击下与来自高压气源的天然气充分搅拌、混合、雾化并送入注入器然后喷到管道内。经过引射器雾化后的缓蚀剂液滴比较均匀地悬浮在管道天然气中，然后比较均匀地附着在管道内壁，形成液膜，保护钢材表面不受腐蚀。

4．引射喷雾工艺

引射喷雾工艺的工作原理是：缓蚀剂储罐（高位罐）内的缓蚀剂，经过高压加压送到喷雾头，喷射到引射器喷嘴前的环形空间，雾化后的缓蚀剂在引射器嘴高速气流的冲击下进行二次细化，形成长时间能够悬浮在天然气中的微小液滴，均匀充满整个管道，均匀地附着在管道内壁形成液膜，有效保护钢材表面不受腐蚀。

对于没有高压气源的集输管线，如果输气管线上允许有一定的压降，可以把引射器安装在管道上，利用输气管线上游管段的压力作为引射器喷嘴的压力气源。引射器内流体压力及速度变化过程如下。

1）降压加速过程

降压加速过程中气体在渐缩形的喷嘴流道中降压加速，当气体抵达喷嘴喉部时速度、压力都达到临界值。

2）扩压加速过程

扩压加速过程中气体经过喷嘴喉部后，在喷嘴渐扩段上进一步加速，使流速超过临界值。

3）携带混合阶段

携带混合阶段高速气体通过喷嘴出口，经过引射器环形空间时，将喷雾头喷洒出来的缓蚀剂带走，缓蚀剂在高速气流的冲击与气相充分搅拌、二次雾化，形成能长时间悬浮在气相中的微小液滴，相当均匀地充满整个管道，对管道起到很好的保护作用。

4）扩压恢复过程

扩压恢复过程中含有液相缓蚀剂的高速流体在扩压管渐扩管道上流速渐渐降低，压力逐渐恢复，最后流速达到管输速度，压力恢复到原来的85%左右进入管道系统中。

（二）集气管道缓蚀剂预膜工艺

预膜工艺是指在输气管道生产运行中利用天然气为动力，通过定量注入（或涂敷）工具将缓蚀剂均匀地涂敷在管道内壁上形成缓蚀剂保护膜，抑制腐蚀，达到保护输气管道内壁的目的。

1. 常规清管预膜工艺

常规清管器预膜是在两个清管球之间注入缓蚀剂，通过压差的推动使之在管道内运行，在管道内壁涂抹缓蚀剂的工艺，工艺原理如图3-37所示。

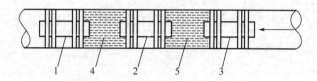

图3-37　清管器加注工艺

1，2，3—清管器；4—清洗液；5—缓蚀剂

当一号清管器通过管线时，推走管线内残存的大部分脏物，然后二号清管器推动清洗液，洗下并带走管壁上的脏物，脏物主要是上次留下的缓蚀剂、重烃、铁锈和污积物，最后由三号清管器推动缓蚀剂，使其均匀地黏附在被清洗过的管壁上。

该工艺的优点是设备简单，操作简便，但也存在以下缺点：

（1）只适用于内壁较清洁的管道，尤其是干气输送的管道。对于腐蚀严重的酸性气田地面湿气输送管线，腐蚀垢物和产物不容易清洁，水堵和硫堵严重，必须采取泡沫清管器和双向清管器先进行清洁和干燥才能进行缓蚀剂预膜。

（2）采用的清管器为球状或圆柱状，对于十点钟方向至两点钟方向位置的管壁预膜不充分，工艺上不好控制，不能保证两个清管器之间的液注均匀运行，特别是在下坡、弯道等位置，易造成线顶腐蚀。

2. 美国TDW的V-Jet清管器内涂工艺

V-Jet清管器是TDW公司专门为欧洲油气田公司开发的专利清管器。该装置与常规清管器最大的区别是在清管器上开有符合流体力学文丘里原理的喷嘴，旁通内的流动可以在喷嘴区产生一个低压，使流体通过喷嘴时加速并汽化。同时这种压降会在V-Jet流体吸入口前造成真空，从而吸取管底部的抑制剂流体进行再循环和喷涂。随着清管器向前运行，残留并积于管底的抑制剂流体就被不断地虹吸至吸入口，再喷洒到内管壁的顶部。V-Jet通过装配平衡铁来保持喷嘴合理的方位，喷射时，以平行于管轴线45°的角度喷出，再以垂直于管道120°的扇形展开，能够充分实现缓蚀剂的雾化和喷射，在管线内壁十点钟方向至两点钟方向位置进行充分的预膜。此外它还可以用来干燥管内壁和除水。

V-Jet清管器适用于不同管径、不同压力等级的输气或输液管线。该清管器使用时管线的流速控制在1～3m/s，在2005年开始在国外成规模使用，在法国拉克气田、BP公司等均有实际应用。BP公司通常2～4周清管1次，每条管线每次4～8h。对于多相流气体集输系统该方法尤为适用。

该清管工艺的优点有：

（1）具有清管器跟踪系统，在出现情况时可以迅速找到该装置处于管线内何处，节约成本，保证管道安全。

（2）该装置可以用于缓蚀剂预膜、对管道内壁进行除水干燥、缓蚀剂的连续加注。

（3）该装置可以实现全周向 360°的管道内壁预膜，特别是十点钟方向至两点钟方向位置的缓蚀剂均匀涂抹。

（4）当管线内输送温度较高、流动介质复杂时可以有效控制线顶腐蚀。

3．荷兰 PNS 内涂工艺

该工艺进行缓蚀剂预膜的基本程序如下：

1）准备管道发球装置（双球）

现场井站管线首尾两端设计有清管器发送系统和清管器接收系统。

2）清洁管道

在进行管道预膜前首先要对管道进行清洁，去除管道内壁上的腐蚀产物、污垢等。

3）定量注入缓蚀剂

定量注入是通过在主管发送端已建成的缓蚀剂储存段注入预膜所需的缓蚀剂，由两只高密度定量注入球（图 3-38）夹载缓蚀剂以天然气为动力推动缓蚀剂均匀通过管道，第二只高密度定量注入球上设有旁路的喷射孔能够使定量注入的缓蚀剂发生湍流，在缓蚀剂均匀通过管道时实现有效优化预膜，定量为注入球缓蚀剂加注工艺如图 3-39 所示。

图 3-38　定量注入球实物图

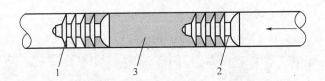

图 3-39　定量注入球缓蚀剂加注工艺

1，2—钻孔的定量注入球；3—缓蚀剂

4）优化缓蚀剂效果

由于高密度定量注入球喷涂受到天然气流速不稳定，以及缓蚀剂密度、黏度多种因素的影响，难以保证预膜均匀，且部分缓蚀剂液滴会沉积到管道的底部。因此第一次完成预膜，当两只高密度定量注入球到达，收球筒内有明显余量的缓蚀剂时，残液成分、残液内缓蚀剂含量及缓蚀剂的污染程度经确认基本合格后进行优化维护通球：优化维护通球采用"带回路的蛛头球（图3-40）"或"环形球"通过内部有旁路的定量注入球的喷射孔搅动管道底部滞留的液态缓蚀剂制造湍流，再次将缓蚀剂均匀喷涂到管道内壁上实现优化预膜。为使预膜达到预期效果，进行优化维护通球应重复2、3次或更多（必须根据每次优化维护通球后的检测结果决定）。喷射式清管器优化缓蚀剂效果示意图如图3-41所示。

图 3-40　蛛头球实物图

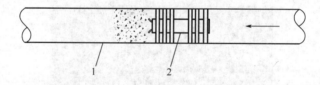

图 3-41　喷射式清管器优化缓蚀剂效果示意图

1—管底部滞留的液态缓蚀剂；2—蛛头球

该工艺在国外油气田现场实际应用已超过25年，在西南油气田分公司的峰高线、竹渠线、讲渡线等管道也已成功应用，且取得了良好的效果。该工艺的优点是成膜均匀、充分、完整，一次性注入后基本上能够保持较长时间，技术上具有明显的优越性，防腐蚀效果明显。

4. 缓蚀剂用量确定

通过式（3-13）可确定缓蚀剂用量。

$$Q = \pi d L \sigma \qquad （3\text{-}13）$$

式中　Q——缓蚀剂用量，L；

　　　d——管道内径，mm；

　　　L——管道长度，km；

　　　σ——预膜厚度，mm。

其中，预膜厚度σ通常取 0.1mm。在实际的预膜过程中，应考虑适当的缓蚀剂余量，以确保预膜的成功率。

三、管道清管工艺

为了减少管道内积水、污物，增加管道的输送效率，减缓管道内腐蚀，通常要进行管道的清管作业。

（一）清管器的种类及应用

目前常用的清管器大致分为常规清管器和特殊清管器两类。常规清管器包括注水清管球、高密度泡沫清管器及标准清管器；特殊清管器包括带钢刷的标准清管器、带磁铁的标准清管器及除垢器等，常用的清管器类型如图 3-42 至图 3-47 所示。

图 3-42 注水清管球

图 3-43 泡沫清管器

图 3-44 双向清管器

图 3-45 磁铁双向清管器

图 3-46 钢刷双向清管器

图 3-47 除垢清管器

注水清管球及泡沫清管器，通常适用于含水量较多的湿气管道的清管作业，清洁管道内的积水和污物。而标准清管器除适合上述情况外，更有利于管道内稠状污物及粉尘的清洁；对于输送干气但露点没有控制好的长输管线，采用常规清管器清管通常难以达到清洁的目的，导致管内壁沉积污物越来越多，越来越厚，这会对今后管线的清洁造成安全隐患。因此，在日常清管过程中，应至少结合带钢刷和带磁铁的标准清管器加强对管道的清洁，避免临时采用特殊清管器清洁时，管内固态污物、粉尘较多，造成管道堵塞无法清管，同时影响管道的安全运行；除垢清管器主要适用于管道内粉尘较多，但又难以清除的干气管线智能检测前的清洁。针对新建管线，投产前还应利用带测径铝板的标准清管进行一次检测，以掌握管道是否存在凹陷变形。

（二）清管周期及计划

根据管道实际情况，结合气质条件、历次清管情况及气温变化等因素，确定合理的清管周期，清管周期确定的主要原则依次为管输效率、污物量和最长周期。

（1）管输效率原则：湿气管道采用威莫斯公式计算管输效率，当管输效率小于80%时，应安排清管作业；含硫干气或净化气管道采用潘汉德公式计算管输效率，管径DN400mm以下管线管输效率小于80%、管径DN400mm及以上管线管输效率小于85%时，应安排清管作业。

当管输效率难以计算时，可根据管道输送压差的变化合理安排清管作业。

（2）污物参考原则：管径DN300mm及以下管道（段）每次清出污水应小于10m^3；管径DN300mm以上管道（段）每次清出污水折算到每千米管道应小于0.5m^3，如清出污物量超过上述参考量，应考虑缩短清管周期。

（3）最长周期原则：气液混输管道的清管周期不应超过1个月；湿气管道清管周期不应超过3个月；含硫干气或净化气管道的清管周期不应超过半年；清管条件差（流速低、运行压力低且管道较长）、卡堵后影响大（如城市单一供气或主供气源管线的清管作业）的管线，最长清管周期不宜超过1年。

（4）高含硫天然气集输管线的清管周期应考虑管道内腐蚀防护方案要求，气温降低时应缩短气液混输、湿气管道的清管周期，天然气输送管线在停运检修前应进行清管作业。

（三）清管作业操作方法

在确保安全的前提下，清管作业操作应根据管线生产运行的具体情况而定，在遵循公司管理规定的基础上，可参照图3-48所示的方法进行清管作业。

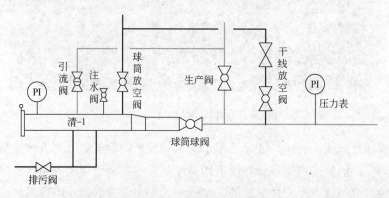

图3-48　收（发）球筒结构示意图

1．清管器的发送

清管器的发送步骤如下。

（1）检查：发送清管器前，应进行发球站和收球站的球筒放空阀、排污阀、引流阀、球筒球阀及盲板的开关和密封性检查，确保不影响正常清管作业。

（2）球筒放空：收球站倒入收球流程后，发球站打开球筒放空阀进行球筒放空，确认球筒压力为零（在实际生产中，因放空火炬处于常明火状态，因此球筒放空后，可关闭放空阀，开球筒泄压阀），全开球筒平衡阀，打开盲板。

（3）装清管器：将清管器顶入球筒大小头处并压紧。

（4）球筒平压：依次全关放空阀（或泄压阀）、球筒盲板，开引流阀进行球筒平压（平压前进行空气置换），全开引流阀。

（5）清管器发送：依次全开球筒球阀、全关平衡阀、缓慢关闭生产阀，直至清管器发出。

（6）流程恢复：确认清管器发出后，依次全开生产阀、全关引流阀和球筒球阀，开放空阀将球筒压力泄为零后，关放空阀。

2．清管器的接收

（1）收球流程倒换：依次缓开引流阀对球筒平压、全开引流阀、全开球筒球阀、全关生产阀（如果管输气量大，可控制生产阀的开度，并做好干线中最后一个监听点及站内监听点的监听，以及时关闭生产阀）。

（2）收球准备：控制排污阀，做好排污准备，下游有脱水或增压站时应同时做好一、二分离器的排污准备，直至收到清管器。

（3）收球：确认清管器进入球筒后，根据生产气量及压力情况，控制生产阀开度直至全开。依次关闭球筒球阀、引流阀及排污阀，控制放空阀将球筒压力泄至零，打开盲板取出清管器。

（4）流程恢复：关闭盲板、关放空阀。

（四）清管作业技术要求

清管作业是一项风险较大的作业，特别是清管次数少、管内积水多、管线输气量大且输压较高、下游有脱水站和增压站的管线的清管作业，为保证安全，减少事故率，一定要提前做好相应的准备工作，并掌握相应的技术要求。

1．清管前准备阶段

清管前需做以下准备工作：

（1）清管作业前，应对清管管道（段）的进出气点、阀室阀井、穿跨越等进行全面排查，检查各相关站点（阀室）收发球筒及附件、排污放空系统、个人防护用具及消防器材、防爆通信设施等，确认各部分满足清管要求。对检查发现的问题，要进行危害识别，整改不可接受项，完成整改后再实施清管作业，并做好检查及整改情况记录。

（2）根据管道线路情况选择适宜的地点监听或跟踪清管器，特殊线管段加密设置跟踪检测点，原则上长度大于 10km 的管道（段）进行清管时宜设置线路监听点，监听点原则上 10～15km 设置 1 处，监听点主要分布在沿线进出气点、阀室（井）、露管及接收站前 0.5～1km 处。

（3）检查清管器的骨架、支撑盘、皮碗及紧固螺栓和收发讯装置等部件，确保组装正确、完好，且清管器的尺寸与清管线尺寸一致。清管球排尽空气注满水后过盈量宜控制在 3%～10%，清管器过盈量一般控制在 1%～4%。

（4）组织清管作业人员进行现场技术交底，开展清管作业工作前安全分析，落实风险控制与应急处置措施，明确职责分工。

（5）确认具备清管作业条件后，根据方案及指令开展清管作业。

2. 清管阶段

清管阶段操作步骤如下：

（1）开启快开盲板前必须确认球筒压力回零、无人员正对快开盲板；关闭快开盲板后确认防松动楔块插好或防松螺栓紧固。

（2）应采用发球流程、自然建立压差方式发球，严禁球筒憋压后再开发球筒球阀发球，推球压差宜控制在 0.2～0.3MPa，清管器（球）运行速度宜控制在 10～18km/h 内。

（3）正常生产清管作业时，应采用密闭清管方式；清管过程中，应认真进行流量、压力、压差分析及监听，在清管器（球）通过站外最后一个监听点时，可适量开启排污阀，以防止污水（污物）进入站场或下游管道。

（4）空管通球时，可考虑放空引球，但球过最后一个监听点时应逐级开启排污、关小放空；收球时必须建立一定的背压，严禁空管收球。

（5）干气管道清管收球，打开球筒盲板前应先向球筒内注水，以防硫化亚铁粉尘遇空气自燃；凝析油含量较高的管线清管收球，打开球筒盲板时宜注水稀释油蒸汽。

（6）清管期间应保持管道平稳运行，不宜停输或频繁操作，随时监控分析清管管段的运行参数及变化情况，并向下一站及监听点发布清管器运行位置预告，以便下一站提前做好接收或监听准备。

（7）清管过程中发生清管器（球）卡、堵时，根据实际情况采取针对性措施，如采取适当放大推球压差、反推及发第二只清管器（球）等方式进行处理，不得将清管器（球）长期留置在管道中。

（8）清管作业时宜每 15min 记录 1 次压力和输量，清管器（球）预测运行时间不超过 20min 的清管作业应实时观察压力和输量。

3. 其他要求

（1）对收发球筒及清管器进行清理和维护保养。

（2）清管作业完成后，填写相关资料，对清管作业进行分析、总结。

（3）各单位在地面集输工程月报中统计清管作业开展情况。

（4）干气管线的清管应将特殊清管器（主要是钢刷与磁铁清管器配合使用）的清管纳入日常管理范围。

（五）清管速度计算

清管器运行速度可根据气体状态方程（克拉伯龙方程）进行计算，即：

$$\frac{p_0 V_0}{T_0 n_0} = \frac{p_1 V_1}{T_1 n_1} \tag{3-14}$$

在实际计算过程中，若认为 T（热力学温度）、n（气体物质的量）不变，则公式演变为：

$$p_0 V_0 = p_1 V_1 \tag{3-15}$$

$$p_0 \frac{Q}{24} t = p_1 \pi \left(\frac{d}{2}\right)^2 L \tag{3-16}$$

$$t = \frac{6 p_1 \pi d^2 L}{p_0 Q} \tag{3-17}$$

由此得清管器运行速度公式为：

$$v = \frac{L}{t} = \frac{p_0 Q}{6 p_1 \pi d^2} \tag{3-18}$$

式中　v——运行速度，m/h；

　　　L——管道长度或在 t 时间内，清管器运行的距离，m；

　　　t——运行时间，h；

　　　Q——日输气量，m^3/d；

　　　p_0——标准大气压，取 0.101325MPa；

　　　p_1——管线平均压力，MPa；

　　　d——管道内径，m。

思 考 题

1. 化学腐蚀与电化学腐蚀的定义分别是什么？
2. 简述管道防腐绝缘层的类型及每种类型的结构形式。
3. 简述阴极保护原理及阴极保护类型。
4. 辅助阳极地床埋地形式有哪几种？
5. 牺牲阳极材料及安装形式分别有哪几种？
6. 简述管地电位、自然电位、通断电位测量方法。
7. 简述土壤电阻率、接地电阻测量方法。
8. 如何理解管道预膜工艺原理？
9. 简述管道清管工艺。
10. 简述清管器运行时间和速度计算方法。

第四章

管道检测与监测

　　随着管道完整性管理技术水平的迅速发展和油气管道安全运行的实际需要，管道施工质量的检测与在役管道的安全运行检测、监测等技术都得到了有效的应用，对提高管道的外防护、减少管道的本质隐患、及时发现影响管道运行安全的各种因素都起到了重要的作用，从管道阴极保护效果测量、管道外防腐层检测、壁厚检测、内检测、泄漏检测与监测、地质灾害监测及内腐蚀在线监测等方面开展的各种检测、监测技术已越来越成熟，在实际生产中，应针对不同的管道运行环境，采用相应的检测、监测技术来发现管道存在的隐患，从而为下一步采取有针对性的解决措施提供有力的支持，同时也应积极的尝试利用国内外比较成熟的管道新技术，为管道的检测与监测提供更多的一份保障。

第一节　常规检测

　　埋地钢质管道外腐蚀保护一般由绝缘层和阴极保护组成的防护系统来承担。通过对阴极保护系统进行检测，可以大致判断管道防腐层的损坏程度，如需要精确定位管道走向及绝缘层破损位置，整体评价防腐层的效果，就需要借助专业检测技术，查找出破损点，进行修复处理，修复前后应分别对破损部位的管道壁厚进行检测和修复效果验证。目前常用的检测技术主要有：超声波壁厚检测、电火花检测、管线定位探测（如 RD8000）、交流电流衰减法（如 PCM）、直流地电位梯度检测系统（如 DCVG）及密间距电位测量管道阴极保护检测仪（CIPS）等。

一、超声波壁厚检测

（一）仪器构成及说明

　　超声波壁厚检测仪由主机、探头两部分构成，以 TT110/TT120 测厚仪为例介绍超声波壁厚检测仪构成，TT110/TT120 测厚仪如图 4-1 所示。

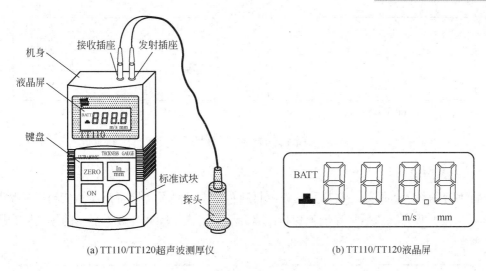

图 4-1　TT110/TT120 测厚仪

1．键盘操作说明

ON：开机键。

ZERO：校准键。

in/mm：公英制转换键。

2．液晶屏显示说明

BATT：低电压标志。

m/s：声速单位。

▰▰：耦合标志。

mm：厚度单位。

（二）工作原理

超声波测量厚度的原理与光波测量原理相似。探头发射的超声波脉冲到达被测物体并在物体中传播，到达材料分界面时被反射回探头，通过精确测量超声波在材料中传播的时间来确定被测材料的厚度。

（三）操作方法

1．测量准备

将探头插头插入主机探头插座中，按"ON"键开机，全屏幕显示数秒后显示声速，声速为 5900m/s，此时可开始测量。

2．校准

在每次更换探头、更换电池及环境温度变化较大时应进行校准。按"ZERO"键，进入校准状态，屏幕显示如图 4-2 所示，在随机试块上涂耦合剂，将探头与随机试块耦合，图 4-2（a）所示的横线将逐条消失，直到屏幕显示 4.0mm 即校准完毕。

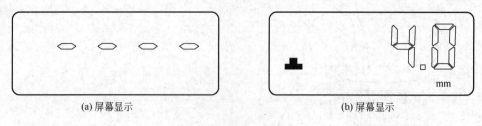

(a) 屏幕显示   (b) 屏幕显示

图 4-2　校准时屏幕显示

3．测量厚度

将耦合剂涂于被测处，将探头与被测材料耦合即可测量，屏幕将显示被测材料厚度，如图 4-3（a）拿开探头后，厚度值保持，耦合标志消失。图 4-3（b）显示的厚度即为所测管道壁厚。

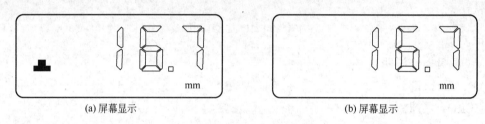

(a) 屏幕显示   (b) 屏幕显示

图 4-3　测量厚度时屏幕显示

当探头与被测材料耦合时，显示耦合标志。如果耦合标志闪烁或不出现说明耦合不好。当材料实际声速与 5900m/s 不同时，按下式计算实际厚度值：

$$H_0 = \frac{HV_0}{5900} \tag{4-1}$$

式中　H——声速 5900m/s 下测得厚度值，mm；

V_0——材料实际声速值，m/s；

H_0——材料实际厚度值，mm。

管道壁厚测量记录表见附表 5。

4．关机

测厚仪本身没有关机键，如果 2min 内不进行任何操作，测厚仪将自动关机，仪器未自动关机情况下，不能取出 5 号电池强制关机。

（四）测量技术要求

1．测量表面

（1）测量前应清除被测物体表面所有的灰尘、污垢及锈蚀物，铲除油漆等覆盖物。

（2）测量前应尽量使被测材料表面光滑，可使用磨、抛、锉等方法使其光滑，还可使用高黏度耦合剂。

（3）当被测物表面温度超过 60℃时，应使用高温探头。

2．测量圆柱形表面

探头串音隔层板与被测材料轴线交角取决于材料的曲率，直径较大的管材，选择探头

74

串音隔层板与管子轴线垂直，直径较小的管材，则选择与管子轴线平行和垂直两种测量方法，取读数中的最小值作为测量厚度。

3．测量中的几种方法

（1）单测量法：在一点处测量。

（2）双测量法：在一点处用探头进行两次测量，两次测量中探头串音隔层板要互相垂直。

（3）多点测量法：在某一测量范围内进行多次测量，取最小值为材料厚度值。

4．探头

探头表面为丙烯树脂，对粗糙表面的重划很敏感，因此在使用中应轻按。

二、电火花检测

电火花检测仪可以对未填埋前的金属基体（如钢质管道）上不同厚度的玻璃钢、环氧煤沥青和橡胶里层等涂层进行质量检测。就用途和使用地域的不同，电火花检测仪可分为直流电火花检测仪和交流电火花检测仪两种。直流电火花检测仪可通过铅酸电池或镍氢电池供电，适用于野外施工作业，且使用方便快捷。交流电火花检测仪主要适用于工厂、车间等封闭式、使用电源方便的地方使用。

在管道防腐层大修过程中，常用直流电火花检测仪来检测管道防腐层质量，如防腐层破损、裂纹、夹层等缺陷。

（一）电火花检测仪介绍

不同型号的电火花检测仪在外形上可能存在差异，但构成基本相同，都由主机、高压探头及探极三大部分组成。

1．主机

主机内装集成控制电路和声响报警装置等，主机包含前、后面板，其构成基本上如图 4-4（a）、图 4-4（b）所示。

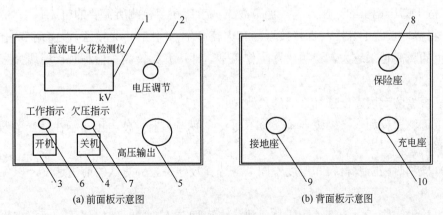

图 4-4　主机前、后面板示意图

1—高压液晶显示；2—电压调节旋钮；3—开机键；4—关机键；5—高压枪连接插座；

6—工作指示灯；7—欠压指示灯；8—保险座；9—接地座；10—充电插座

2．高压探头

高压探头内装有高压发生器、高压输出按钮开头和引出线等，其构成如图4-5所示。

（二）工作原理

电火花检测仪器对各种导电基体涂层表面施加一定量的脉冲高压，如因防腐层过薄露金属或有露气针孔，当脉冲高压经过时，就形成气隙击穿而产生火花放电，同时声光报警，从而达到对防腐层检测的目的。

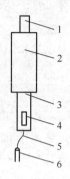

图4-5　高压探头示意图

1—探极连接端子；2—高压枪；3—手柄；

4—高压开关；5—连接电缆；6—多芯插头

（三）仪器操作

电火花检测仪操作步骤如下：

（1）将高压探头连接电缆与多芯插头插入主机高压枪插座。

（2）根据不同的探测需要选择适当的探极。

（3）仪器工作情况检查：

① 按开机键，工作指示灯应点亮。

② 按下高压枪上的高压开关，调节高压调节旋钮至检测所需要的电压。

③ 将接地长线的裸点与探极接近应有火花产生，并伴有声光报警，慢慢调节输出电压，火花产生的距离越来越大，说明仪器工作正常，即可开始检测。检测时接地线夹应在被测管道基体上。

（4）根据防腐层厚度选择合适的检测电压。

高压调整过程如下：先按步骤（3）中①、②两项进行，使电压指示在适当的数值，便可进行测试。

（5）检测时因防腐材料和厚度不同，应选择较佳每分钟测试的前进速度，以保持更好的检测质量。

（6）检测完毕后，各开关应恢复原状，电压调节旋钮逆时针旋到零，探极应再与接地长线直接短路放电，以防高压电容存电而发生电击。

（四）检测电压

电火花检测仪检测电压调节参考值见表 4-1。

表 4-1　电火花检测仪检测电压调节参考值

防腐材料	检测电压	参考标准
石油沥青	普通级：16kV	SY/T 0420—1997《埋地钢质管道石油沥青防腐层技术标准》
	加强级：18kV	
	特加强级：20kV	
聚乙烯胶带	厚度（δ）小于 1mm 时，电压为 $3294\sqrt{\delta}$ V	SY/T 0414—2017《钢质管道聚烯烃胶粘带防腐层技术标准》
	厚度（δ）大于 1mm 时，电压为 $7843\sqrt{\delta}$ V	
三层聚乙烯防腐层	直管段：25kV	GB/T 23257—2009《埋地钢质管道聚乙烯防腐层》
	热缩套补口处：15kV	

三、管线定位探测

埋地管道定位是管道巡检及维修、维护过程中应掌握的最基本的探测技术，要精确地掌握某一位置埋地管道的走向及埋深，就需要借助相应的检测工具（如 RD8000）对管道进行探测，以利于管道保护工作的开展。现以 RD8000 探测技术为例介绍埋地管道的探测技术。

（一）RD8000 仪器介绍

RD8000 仪器包括发射机、接收机，以及配套的电源设备、连接线等。发射机、接收机及相应的操作功能键和显示如图 4-6、图 4-7 所示。

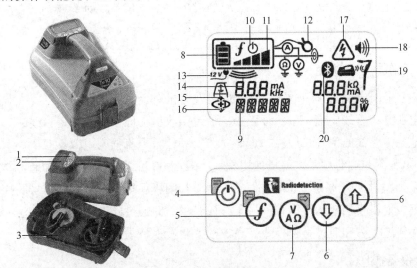

图 4-6　发射机功能键和显示

1—防水键盘；2—液晶显示屏；3—可拆卸附件盒；4—电源开关键；5—频率键；6—向上/向下箭头；
7—测量键；8—电池图标；9—字母数字形式显示所选操作模式；10—待机图标；11—输出等级；
12—夹钳图标；13—DC 直流图标；14—感应指示图标；15—A 字架；16—CD 电流方向模式指示；
17—电压警告指示；18—音量图标；19—配对图标；20—蓝牙®图标

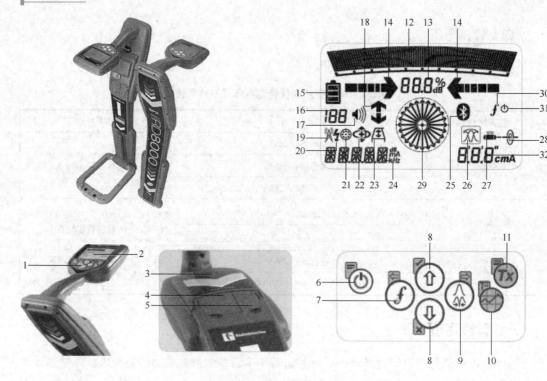

图 4-7　接射机功能键和显示

1—防水键盘；2—LCD 液晶显示屏；3—电池盒；4—附件插槽；5—耳机插孔；6—电源开关键；7—频率键；

8—向上/向下箭头；9—天线键；10—图表键；11—发射机；12—显示信号强度和峰值标记；13—信号强度；

14—峰值箭头；15—电池图标；16—灵敏度和日志数字；17—音量图标；18—电流方向箭头；19—无线电模式；

20—电力模式；21—附件显示；22—CD 模式；23—A 字架图标；24—工作模式指示；25—蓝牙®图标；

26—谷值/峰值/信号模式图标；27—探头图标；28—管线图标；29—罗盘；

30—发射机状态；31—发射机待机；32—电流/深度指示

（二）工作原理及功能

RD8000 采用电磁法探测地下管线，通过发射机对金属管线施加信号，在金属管线中生成管线电流并在管线周围产生二级磁场；通过接收机在地下地面测定管线的二次磁场，从而准确地确定管线的位置、埋深、走向、路径和信号电流强度。

RD8000 发射机自带电源，现场使用方便。RD8000 可进行无源探测和有源探测，无源探测可在无须发射机的情况下进行电力、无线电、阴极保护和有线电视信号的探测；有源探测是使用发射机直接或间接附带信号于金属管道，即通过感应模式（感应法）将发射机直接放置在管道上方和通过直接模式（直连法）将发射机与被检测管道相连。

（三）仪器操作

1. 发射机操作

1）菜单设置操作

先按电源键 2s 打开发射机，短按电源键进入菜单，使用上下箭头浏览菜单项，按测量键进入选项子菜单，按频率键返回到前一菜单或退出菜单，按电源键返回到主操作屏幕，按电源键 2s 关机，其中菜单选项包括以下内容。

VOL：调节音量从 0（音静）到 3（最大）。

BT：连接、断开或配对蓝牙连接。

MAX V：设置最大输出电压。

MODEL：选定 RD8000 接收机型号。

MAX P：设置发射机最大输出功率。

BATT：设置电池类型，镍氢 NiMH 或碱性 ALK。

OPTF：启用或禁用频率自动微调 SideStepauto™。

LANG：选择系统语言。

BOOST：定时（分钟）增强发射机输出。

FREQ：启用或禁用个别频率。

2）发射机信号加载（有源探测）

（1）感应法：将发射机平行放置在管线的正上方（若知道此处管线的准确位置和走向），选择适当的频率后，发射机将信号感应到管道上（或附近的任何金属导体）。此方法建议使用高频信号。

（2）直接法：将发射机直接连接（直连线或夹钳和地棒）到要探测的管线上，施加在管线上的信号，用接收机便可探测到。此方法尽量使用传输距离长的低频信号。

2．接收机操作

1）菜单设置操作（与发射机基本相同）

先按电源键 2s 打开接收机，短按电源键进入菜单，使用上下箭头浏览菜单项，按天线键进入选项子菜单，按频率键返回到前一菜单，按电源键返回到主操作屏幕，按电源键 2s 关机，其中菜单选项包括以下内容。

VOL：音量从 0（音静）调节到 3（最大）。

LOG：删除、发送或审看已存储的（测绘应用 SurveyCERT）数据。

BT：连接、断开、重设或配对蓝牙连接。

UNIT：选择公制单位或英制单位。

LANG：选择系统语言。

POWER：选择所在国家的电网频率，可选择 50 或 60Hz。

FREQ：启用或禁用个别频率。

ALERT：启用或禁用穿透报警 StrikeAlert™。

BATT：设置电池类型，可选择镍氢 NiMH 或碱性 ALK。

ANT：启用或禁用任何天线模式，峰值模式除外。

2）接收机管道定位

管道定位基本步骤：打开接收机，选择与发射机相同的频率，选择不同的天线模式，然后进行管线的跟踪探测。

RD8000 支持 4 种天线模式，以满足不同应用的需要。

3）峰值模式

峰值模式 $\wedge$ 是最敏感、最精确的定位和定深模式，峰值响应陡峭明显，而相应的灵敏度却降低很小。峰值模式下，LCD 显示以下指示：

（1）深度；

（2）电流；

（3）信号强度；

（4）罗盘。

4）单天线模式

单天线模式 $\frown$ 比峰值模式灵敏度更高、区域更宽。这对于定位深埋的不同管线更有用、更快捷。一旦用单天线模式定位到目标管线后，要用峰值或谷值模式进行精确定位，因为单天线模式不能精确定位。峰值模式下，LCD 显示以下指示：

（1）深度；

（2）电流；

（3）信号强度；

（4）罗盘。

5）谷值模式

谷值模式 $\vee$ 容易受到干扰，不能用来精确定位，但追踪管道速度（通过左右摆动接收机，观察左右箭头）最快。在谷值模式下接收机只能指示管线的位置，而不能指示管线的方向。谷值模式下，LCD 显示以下指示：

（1）信号强度；

（2）罗盘；

（3）左右箭头。

6）峰/谷值模式

峰/谷值模式 $\bowtie$ 可同时利用两种模式的优点。使用成比例的箭头，将接收机放在谷值点。如果峰值响应不是最大，就证明磁场受干扰。如果峰值响应在谷值点处最大，就证明干扰很小。此时，选择峰值模式获取深度和电流值。峰/谷值模式下，LCD 显示以下指示：

（1）成比例的左右箭头；

（2）信号强度；

（3）罗盘；

（4）电流；

（5）深度。

LCD 显示下的罗盘是用来指示目标管线和探棒方向的，定位时确保罗盘指示线在 6 点钟的位置。在电力和无线电模式下，接收机不出现罗盘指示。

四、PCM（PCM+）检测

由英国雷迪公司 RD（radiodetection）生产的管道电流测绘系统，也称 PCM（交流电流衰减法）是一种应用于检测管道防腐层质量的新技术。该技术能识别因管道与其他金属结构接触而引起的各种短路故障和管道的各种防腐绝缘层故障，还可以和 A 字架一起使用进行密间距极化电位测量。

PCM 适用于除钢套管、钢丝网加强的混凝土配重层（套管）外、远离高压交流输电线地区的任何交变磁场能穿透的覆盖层下的管道外防腐层质量检测。对埋地管道的埋深、位置、分支、外部金属构筑物及大的防腐层破损，能给出准确的信息；根据电流衰减的斜率，可以定性确定各段管道防腐层质量的差异，为更准确的防腐层破损点详查提供基础。

（一）PCM 仪器构成

PCM 仪器包括发射机和接收机，以及配套的电源设备、连接线、接地电极、A 字架及磁力仪等。

发射机及接收机如图 4-8、图 4-9 所示。

(a) 发射机

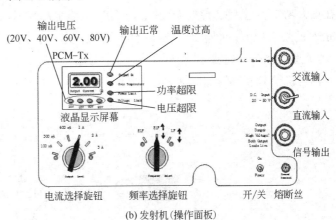

(b) 发射机（操作面板）

图 4-8　发射机

(b) 接收机（带磁力仪）

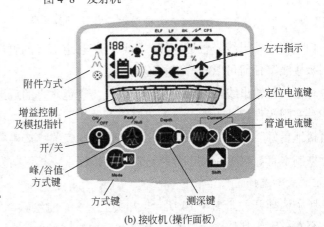

(b) 接收机（操作面板）

图 4-9　接收机

（二）工作原理

PCM 工作原理是在管道上施加一个近似直流的电流信号（4Hz），用接收机沿管道走向每隔一定的距离测量一次管道电流的大小，当防腐层质量存在缺陷时电流就会加速衰减，通过分析管道电流衰减率的变化，可确定防腐层的缺陷和漏电状况，从而评价防腐层的优劣，利用 A 字架可以对防腐层破损点进行精确定位，同时确定防腐层的破损优劣。

（三）PCM 仪器操作

1. 发射机的作用

发射机的作用主要是向埋地管道输出一个恒定的交流信号，交流电流在管道周围产生一个交变的电磁场，接收机通过测量管道中交变磁场产生的感生电压，再根据管道埋深及感生电压值的大小，由接收机内的计算软件系统处理后直接显示为被测点的管内电流值，从而评价管道绝缘防腐层的质量，精确确定防腐层破损点的位置。

1）发射机电源连接

发射机电源有两种连接方式，一种为交流 220V 输入，发射机可达 300W，使发射机工作在最大功率容量上；一种为直流 20～50V 直流电压输入，当输入电压为 20V 时仅能输出 300mA 的最大电流，而输入电压为 50V 时可输出 3A 电流。

2）发射机信号连接

发射机信号连接线如图 4-10 所示。

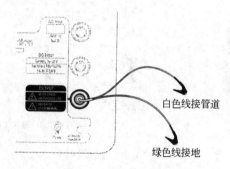

白色线接管道

绿色线接地

图 4-10　信号连接线

白色信号输出线与管道连接，可以连接管道沿线的测试桩、阀门、与恒电位仪相连接的阴极接线等任何可以与管道相连的位置；

绿色信号输出线与大地连接，可以是与管道垂直的远地点或与阳极地床相连接的阳极接线。在阴极保护站内架设发射机时必须关闭恒电位仪。在野外架设发射机时，为保证发射机接地良好，可采用将地线与多根接地针同时连接后进行接地，也可将地线直接连接在附近铁制水管、电桩拉索、公路边的铁制护栏上。接线前发射机电源应处于断开状态。

3）频率选择

频率选择开关如图 4-14 所示，开关上有 3 个测绘频率挡位（FREQUENCY SELECT），从左至右分别为甚低频（ELF）、甚低频（ELF，带电流方向）、低频 （LF、带电流方向），因为 4Hz 测绘电流始终都存在，因此，为了能在管线密集区准确定位管线或查找故障，操作时可选择定位频率和电流方向指示。

4）输出电流选择

电流旋转开关如图 4-11 所示，可选择 6 种 4Hz 的电流值：100mA、300mA、600mA、1A、2A、3A。发射机在工作状态时，使所选的电流大小应保持恒定，除非输入功率达到极限。

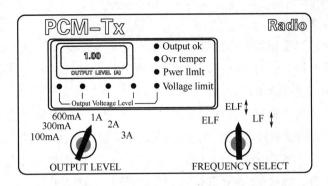

图 4-11　频率选择开头

5）警示灯和输出指示

警示灯和输出指示如图 4-8（b）所示，黄色发光二极管显示发射机的输出电压水平。灯不亮时，输出电压低于 20V；20V 灯亮时，输出电压在 20～40V 之间；40V 灯亮时，输出电压在 40～60V 之间；60V 灯亮时，输出电压在 60～80V 之间；80V 灯亮时，输出电压在 80～100V 之间。如果电压极限指示灯亮，则输出电压超过了 100V，表示信号输出线与管道或大地的连接不良，阻抗太高，需检查所有连接点。

发射机各连接线及选择开头按要求连接及设置好后，可开机运行。

2．接收机的使用

接收机的功能主要包括：探测管道走向、管道埋深，与相应辅助设备相连可探测管道电流、防腐绝缘层破损点位置。

1）管道走向探测

如图 4-9（b）所示，按下开关（ON/OFF）键，打开接收机，按模式（Mode）键，选择与发射机相同频率的工作方式，再选择峰/谷值方式（Peak/Null）对管道走向进行探测，峰值法与谷值法探测方法如图 4-12、图 4-13 所示。

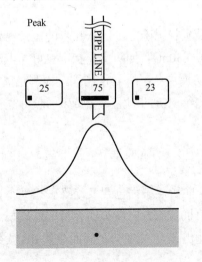

图 4-12　峰值法探测示意图

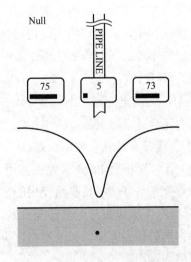

图 4-13　谷值法探测示意图

（1）峰值法步骤。

调节接收机桨轮形旋钮将灵敏度调至条形图（表示信号强度）刻度的一半。如果条形图处于满刻度，逆时针旋转增益旋钮，将偏转降至50%。在管道的定点定位中，时常调节增益旋钮以保持条形图在满刻度以内。

手提接收机，使底刃垂直接近地面。在管道的一侧和另一侧来回移动，确定最大响应位置。把接收机作为枢轴旋转，并在最大响应处停住，继续旋转接收机直到显示响应为零，旋转接收机90°，此时响应最大。由管道一侧向另一侧缓慢移动接收机，通过峰值最大响应确定管道准确位置。峰值最大响应时，探测底刃应处于管道正上方并与管道垂直。

（2）谷值法步骤。

选择"Peak/Null"至谷值法，在管道的一侧和另一侧来回移动，同时跟踪图4-9（b）所示的左右箭头，如果左右箭头始终与移动方向相反，则管道处于两箭头转向之间位置。如果峰值和谷值定出的位置相互之间的距离小于15cm时，可认为定位准确。如果峰值和谷值的定位偏在同一侧，那么管道真正的位置靠近峰值位置处。

2）管道深度探测

当管道定位准确后，可对管道的埋深进行探测，保持接收机的端部触到地面，处于管道正上方并与管线走向垂直，按测深（Depth）键，直接读出该处管道顶部至地面的深度（单位为cm或m），如果管道埋深较深（通常大于3m），则无法显示深度。

3）管道电流探测

PCM有两个电流探测键，一个是定位电流（交变电流）探测，一个是管道PCM电流（直流）探测。探测管道PCM电流时，必须加上磁力仪靴，该电流主要是对管道的整体防腐层质量进行评价。

探测时，将带磁力仪靴的接收机置于管道正上向，按下管道电流键，即可启动PCM电流测量功能，此时面板显示PC符号，并在左上角出现4（s）表示倒计时数，在此4s内读得稳定读数，即为该处的管道电流。

实际操作中，测量点的间隔根据管道防腐层质量状况确定，可从几米的短距离到几百米的长距离不等。一般的做法是先短距离检测（20～30m），如防腐层状况良好（电流衰减不明显）则可放宽检测距离（50～100m），如发现防腐层状况有异常则缩短检测距离（10～20m）。4Hz测绘电流测量不同于64Hz或128Hz测绘电流的测量，应带磁力仪并先测管道埋深，否则会使接收机测得的电流大小出现误差。

4）管道防腐绝缘层破损点查找

（1）A字架配合PCM接收机使用功能。

A字架配合PCM接收机使用能准确定点定位防护层破损位置及绝缘破损大小。检测时应保证A字架电极与土壤接触良好。PCM接收机前后方向箭头很容易定位破损点，箭头显示指向破损点方向，当破损点定位后，能探测出该点A字架之间的微伏dB读数，即绝缘层破损大小。

（2）操作方法。

检测时，将3针连接线插入A字架，将多针连接线插入PCM接收机前面的附件插孔。

A 字架沿管道走向放在管道上方，A 字架连线插入端置后端。将 A 字架脚钉插入地里进行测量，检测距离根据管道防腐层状况而定，通常为 3～5m，系统会自动调谐信号水平，并计算电流方向和微伏 dB 读数。在计算过程中，增益数字会闪。箭头显示穿过地下发射机的电流方向，电流指向破损方向，当电流指向管道前方时，继续沿管道走向测量，当接收机电流指向显示反向（指向后方）时，往后移（可按 A 字架两脚间的距离移动）进行测量，直到前后电流指向箭头同时出现，A 字架两脚间即为管道破损点位置。在实际检测时，两个箭头很难同时出现，但并不影响绝缘层破损点的准确定位，只要将 A 字架向前向后稍加移动，待箭头变回反向时，也可判断破损点位置，此时测量 A 字架之间的 dB 值，即为绝缘层破损大小。

目前针对 PCM 检测的 dB 值来衡量绝缘层的破损大小，还没有一个规范的标准，在此仅以工作中的经验给出一个判断的标准，评价方法见表 4-2。

表 4-2　防腐层整体质量评价方法

缺陷类别	检测信号损失率 dB/km	防腐层绝缘电阻 Rg/（Ω/ m²）	防腐层电容率 C/（μF/m）	外防腐层老化状况
一级（优）	<20	>10000	<100	基本无老化
二级（良）	20～30	5000～10000	100～200	老化轻微，无剥离和损坏
三级（中）	30～40	3000～5000	200～500	老化较轻，基本完整
四级（差）	40～50	1000～3000	500～1000	老化较严重，吸水较严重
五级（劣）	≥50	≤1000	≥1000	老化和剥离严重，轻剥即掉

注：在实际生产过程中，可以针对 30dB/km 以上的检测数据选定适当的点（3～5 个）进行开挖验证，根据绝缘层破损情况，确定绝缘层是否需要修复。

（四）PCM 与 PCM+的区别

1．PCM+与 PCM 设备差异

PCM+发射机与 PCM 发射机相同，主要差异在接收机上，PCM+接收机将原 PCM 的接收机与磁力仪合二为一；二者接收机的操作面板也存在差异，原 PCM 接收机的增益调节旋钮改为操作面板中的上下箭头。

2．PCM+与 PCM 操作差异

PCM+的操作更方便，对管道电流进行探测时，不需另行安装磁力仪，可直接测量管道电流；进行管道深度探测时，对管道定位后，在峰值模式下可直接读出管道埋深，在进行管道定位、电流测量、深度测量时，无须取下 A 字架。

五、直流地电位梯度检测

直流地电位梯度检测系统（DCVG）是地面检漏中查找、定位埋地管道外防腐层破损点的重要方法，而且可识别腐蚀活跃点并对破损点的大小及严重程度进行定性分类（结合 CIPS 法）。

（一）DCVG 检测系统构成

DCVG 仪器主要包括断流器（断续器或中断器）和测量仪（接收机），以及配套的带 $Cu/CuSO_4$ 电极的探杖、连接导线等。

断流器及测量仪如图 4-14、图 4-15 所示。

图 4-14 断流器

图 4-15 测量仪

（1）断流器左旋钮为中断周期选择开关，包括 5 个挡位（1、2、3、4、5），每个挡位的通断周期见表 4-3；右旋钮为断流器开关（ON/OFF）；左旋钮下插口为测量模式选择开关（STD、SLOW），STD 为标准设置（0.45sON，0.9sOFF），SLOW 为慢速设置（0.9sON，1.8sOFF）。

（2）测量仪最上方为检测仪表头；左旋钮为测量仪开关和电池电量检查功能（ON/BATTERYCHECK/OFF/）；右旋钮为电压表量程选择旋钮，共 8 个挡电压量程，分别为 10mV、25mV、50mV、100mV、250mV、1.0V、2.5V、4.0mV，仪表上的刻度对应不同范围的电压量程。

（3）探杖的一端为手柄，用软性电缆与检测仪相连，探杖的另一电极端包含一个导电性软木插头（探针），与土壤连接。手柄内置一个表头指针偏转电路，上有开头/范围旋钮（手柄下方）以及电位器旋钮（手柄上方），开头/范围旋钮上的白线对应手柄上方最大白点时，偏置开关置于"关"状态，顺时针有 5 个挡位，第 1 挡时偏转量最小，第 5 挡偏转量最大。在整个检测工作期间，只能有一个手柄处于开通状态。

表 4-3 中断周期表

挡位	ON，s	OFF，s	USE
1	0.45	0.8	DCVG/CIPS
2	1.6	0.9	DCVG/CIPS
3	0.80	0.45	DCVG/CIPS
4	3.0	2.0	CIPS
5	4.0	1.0	CIPS

（二）工作原理

采用周期性同步通/断的阴极保护直流电流施加在管道上（与管道上施加阴极保护类似），电流可以通过有抵抗力的土壤到达有防腐层破损的金属管道处，管道防腐层破损点与土壤间会存在一定电压梯度场，利用两根硫酸铜参比电极探杖，以密间隔测量管道上方土壤中的直流地电位梯度，在接近破损点附近电位梯度会增大，破损面积越大，电位梯度也越大，根据测量的电位梯度变化，可确定防腐层破损点位置；通过检测破损点处土壤中电流的方向，可识别破损点的腐蚀活性；依据破损点%IR降定性判断破损点的大小及严重程度。

（三）操作方法

1．主要设备说明

1）断流器

为了更好解释和区分监测的其他直流源（例如长管线电极、其他的阴极保护系统等），在直流电压梯度技术中，断流器施加到管线上的是非对称的直流信号，例如以0.45s开、0.8s关的速率循环开关。断流器可以把直流电信号加在阴极保护系统的顶部或管道阴极保护变压整流器上（T/R），通过插入到变压整流器阴极端的特殊断续器来控制直流电信号的开关，也可以使用电池、便携式直流发电机配合临时的地床把直流电信号加在测试柱上。

2）测量仪

检测过程中，测量人员手持两个探杖一前一后（间隔1～2m）沿着检测管线行走，最好平行并且在管线的正上方，这样便可以获得来自检测管道防腐层缺陷处的电位梯度。当靠近缺陷时，毫伏表对通/断脉冲电流会有反应，这可能是防腐层的缺陷，也可能是来自其他地下金属结构的干扰。跨过缺陷后，指针向相反的方向偏转并且随着距离增加，缺陷偏转逐渐减少。通过对缺陷管段的重复测量，可以找到指针没有偏转的位置（指针零位），就可以确定缺陷位于两个电极的中间位置。

2．具体操作步骤

1）测量前准备

（1）在测量之前，确认阴极保护正常运行。

（2）将饱和硫酸铜溶液灌入探杖中，探杖头在使用之前需用纯净水浸泡。

（3）检测前需要将断流器、主机、探杖手柄等设备充电。

2）断流器安装

（1）关闭恒电位仪或整流器，断开阴极或阴极连线，将断流器串联入恒电位仪中，其中阴极保护电流从断流器的正端（红色端）流入，从负端（黑色端）流出。

（2）打开恒电位仪和断流器开关，阴极保护电流会按一定规律进行通/断，这时可以根据测量方式选择相应的中断挡位，其中1～3挡适合于DCVG测量，1～5挡位适合CIPS测量。

（3）如果需要卫星同步测量，在断流器上连接卫星天线，打开断流器等待GPS信号，当指示灯由红变绿后，则完成了卫星同步。

（4）确定阴极保护系统已正常中断。

3）DCVG检测

（1）将两根探杖与DCVG测量仪相连，打开测量仪，打开一个探杖手柄上的开关。一般检测时表盘量程设为100mV，偏移幅度控制在3的挡位，将模拟指针调整到刻度盘中心。

（2）设置完管道定位、设备安装及通/断周期后，测量人员沿管道行走，一根探杖（通常为左探杖）一直保持在管道正上方，另一根探杖放在管道正上方或垂直于管道并与其保持固定间距（1～2m），以1～3m间隔进行测量。当两根探杖都与地面接触良好时读数，记录同步断续器接通和断开时直流地电位梯度读数的变化以及柱状条显示方向或数字的正负。

（3）当接近破损点时，可以看到电位梯度数值会逐渐增大；当跨过这个破损点后，地电位梯度数值则会随着与破损点距离的增加而逐渐减小，变化幅度最大的区域即为破损点近似位置。

（4）返回破损点近似位置复测，以精确确定破损点位置。在管道正上方找出电位梯度读数显示为零的位置；再在与管道走向垂直的方向重复测量一次，两条探杖连线的交点位置就是防腐层破损点的正上方。

（5）在确定一个破损点后，继续向前测量时，宜先以0.5m的间隔测量一次，在离开这个梯度场后，若没有出现地电位梯度读数及极性的改变，可按常规间距继续进行测量；若出现地电位梯度读数及极性的改变，说明附近有新的破损点。

（6）在确定破损点的中心位置后，需要进行破损点阳极倾向的判断，左探杖放置在破损点中心，右探杖放置距离破损点中心1m的位置，观察模拟指针表的摆动情况，通过指针摆动情况可以判断破损点的阳极倾向，如图4-16所示，图中指针实线为初始偏摆位置，虚线为中断器DC信号的响应摆动。

（7）在破损点中心垂直管线上方测量破损点中心到远地点的电压梯度，左探杖放在破损点中心，右探杖垂直管线方向，连续测量记录电压梯度，当电压梯度小于1mV时，可认为该点已经达到远地点位置。将所测数据相加，即得到该破损点到远地点的电位，该值可用来计算破损点的%IR降。

（8）在确定的破损点位置处，测量并记录储存该点的通电电位（V_{on}）、断电电位（V_{off}）、电位梯度（VG，on和VG，off）、GPS坐标及里程；应对附近的永久性标志、参照物及它们的位置等信息进行记录，并在破损点位置处做好标识，尤其是通/断状态下电流均从破损点流出到土壤的破损点位置。

破损点DCVG测量数据记录见附表6。

4）阳极倾向破损点

阳极倾向破损点为如图4-16所示的4种形式。

(a)　　　　　　　(b)　　　　　　　(c)　　　　　　　(d)

图4-16　阳极倾向破损点

（1）图 4-16（a），C/C，阴极/阴极：阴极保护系统"通"时呈阴性（受到保护）；阴极保护系统"断"或停止运行时，漏点保持极化效应。未发生腐蚀。

（2）图 4-16（b），C/N，阴极/中性：阴极保护系统通时受到保护，但阴极保护系统中断时恢复自然状态。漏点消耗 CP 电流，阴极保护系统长期停用可能发生腐蚀。

（3）图 4-16（c），C/A，阴极/阳极：阴极保护系统开通时受到保护；中断时呈现阳极状态；甚至在阴极保护正常运行时可能发生腐蚀，消耗着阴极保护电流。

（4）图 4-16（d），A/A，阳极/阳极：漏点无论阴极保护"通"与"断"，均未受到保护，可能正在腐蚀，不消耗阴极保护电流。

5）防腐层破损严重程度估算

防腐层破损严重程度用%IR 降来表示，防腐层破损严重程度估算如图 4-17 所示，计算公式见式（4-2）、式（4-3）。

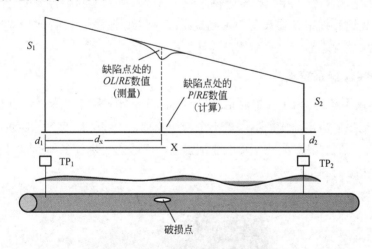

图 4-17　防腐层破损严重程度估算示意图

$$\%IR = \frac{OL/ER}{P/RE} \times 100\% \qquad (4-2)$$

$$P/RE = S_1 - \frac{d_x(S_1 - S_2)}{(d_2 - d_1)} \times 100\% \qquad (4-3)$$

式中　OL/ER——破损中心点对远点的 DCVG 信号幅值；

　　　P/ER——计算的破损处的管道对远点的 DCVG 信号振幅；

　　　S_1——测试桩 1 对远地点的 DCVG 信号摆幅；

　　　S_2——测试桩 2 对远地点的 DCVG 信号摆幅；

d_1——测试桩 1 的距离（在检测最开始时此值为 0）；

d_2——测试桩 2 到测试桩 1 的距离；

d_x——破损点到测试桩 1 的距离。

6）防腐层破损严重程度标准

根据防腐层破损大致面积，防腐层破损严重程度修复标准分为 4 个类别，见表 4-4。

表 4-4　防腐层破损严重程度修复标准

类别	%IR	严重程度
1	1～15%IR	较低，不需要维修
2	16～35%IR	一般，接近地床时可进行维修
3	35～60%IR	较严重，需进行维修
4	61～100%IR	严重，立即维修

六、CIPS 密间距电位测量

密间距电位测量管道阴极保护检测仪（CIPS）可采用管地电位检测仪或数字式万用表两种方式测量，而在实际测量过程中，从所花费的时间、人力及准确性等方面考虑，通常采用管地电位检测仪。管地电位检测仪测量主机具有高输入阻抗，能滤除交流干扰的直流毫伏表微功耗高速数据采集器设备，可测量距离（与线轴配合）、管地电位和电压梯度和 GPS 坐标，并可储存、显示这些数据及与计算机连接输出数据。

（一）CIPS 仪器系统构成

CIPS 检测仪系统是由 CIPS 检测记录仪（Quantum 量子数据记录仪）、探杖式硫酸铜参比电极、GPS 卫星同步电流中断器（若干个）、线轴、卫星天线及各种连线组成。

CIPS 检测记录仪（图 4-18）功能非常强大，能够同时执行多种不同的埋地管道阴极保护及防腐层状况的测量任务。

图 4-18　CIPS 检测记录仪

1. CIPS 检测记录仪

（1）CIPS 检测记录仪前面板由 LCD 显示屏、键盘组成。第一次打开时，显示屏上显示制造商名称和仪器编号，然后显示持续不断的脉冲图形（图 4-19），记录 ON 电位（如 2132）、OFF 电位（如 1008）、数据记录号（如 1701）、卫星状态（如 sA）、电压测量范围（如 2.5V）及记录的通道号（如 in1）。

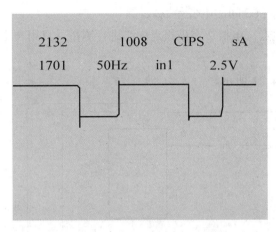

图 4-19　CIPS 检测记录仪显示屏

（2）CIPS 检测记录仪左、右侧（图 4-20）：左侧键盘边分别为数据下载插口、卫星天线外接电池插口和卫星天线插口；右侧键盘边分别为仪器开关、充电指示灯和电池充电插口。

（3）CIPS 检测记录仪顶端（图 4-20）：由左向右分别为 CIPS 左探杖插孔、横向 CIPS 测量插孔、尾线插孔（用于连接测量主机和背架）、纵向 CIPS 测量插孔及右探杖插孔（仅使用于 DCVG 测量模式）。

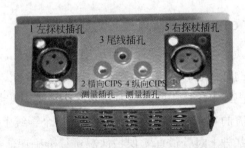

(a) CIPS检测记录仪左、右侧　　　　　(b) CIPS检测记录仪顶端端口

图 4-20　CIPS 检测记录仪

记录仪的六种不同运行模式：

A．GIPS=2 和 3 间的电位差输入。

B．GIPS+Lateral=A+1 和 2 间的电位差输入。

C．CIPS+Trailing=A+2 和 4 间的电位差输入。

D．GIPS+Lat+Tra=A+B+C。

E．GIPS+DCVG=在破损中心点与远地点之间测量 B。

F．DCVG=测量 2 和 5 间的电位差输入。

G．电极 5 在远地点，电极 2 在破损点中心进行测量。只用一个 CIPS 探杖。

2．电极线连接

电极线连接如图 4-21 所示。

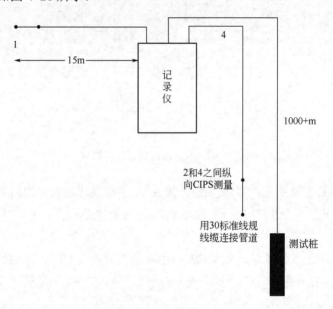

图 4-21　电极线连接

注：每对黑点表示的是连接并放置在一起的电极。这是为了在测量的

过程中，始终有一个电极与土壤接触

（二）CIPS（密间隔电位）测量原理

CIPS 是一种用来提供管道对地电位与距离关系详细情况的地面检测技术，它主要由一个高灵敏的毫伏表和两根 Cu/CuSO$_4$ 半电池探杖以及一个尾线轮组成。测量时，在阴极保护电源输出线上串接中断器，中断器以一定的周期断开或接通阴极保护电流，CIPS 通过测量保护电流的 ON 电位和 OFF 电位得到整个管线上的保护电位分布图，从而实现在没有 IR 降影响的基础上对管道真实保护情况进行准确评估。

（三）设备说明

1．操作键盘

记录仪功能键（图 4-22）主要由 MENU、CIPS、OFF、FEATURE、DIST、DCVG 等

键组成。

图 4-22　记录仪功能键

MENU——进入菜单系统，有 8 个选项：

1——Set Mode（模式设置）；

2——ON/OFF Pulse Sel（ON/OFF 脉冲选择）；

3——Enter Feature（特征点输入）；

4——Enter Distance（输入距离）；

5——Upload Data（下载数据）；

6——Erase Mem（清除内存）；

7——50/60Hz Sync（同步方式设定）；

8——Setup（程序安装）。

1）模式设置

基本操作模式见表 4-5。

表 4-5　记录仪记录模式

数字键	测量模式	模式解释
0	OFF	不记录
1	CIPS	CIPS
2	DCVG	DCVG
3	C+LA	记录 CIPS 和横向电位的通道
4	C+TR	记录 CIPS 和纵向电位的通道
5	C+LT	记录 CIPS、横向和纵向电位的通道

2）ON/OFF 脉冲选择

设置脉冲周期（必须与断流器的脉冲周期相同）选项见表 4-6。每选择一种类型的脉冲信号，屏幕上的波形图会自动调整显示两个周期的完整波形。

表 4-6　记录仪脉冲周期选择

选择键	ON 时间，s	OFF 时间，s
1	0.45	0.8
2	1.6	0.9
3	0.8	0.45
4	3	2
5	4	1

3）特征点输入

特征点输入共 8 项，按功能键"Feature"同样显示。特征点选择见表 4-7，按相应的数字记录特征点，同时特征点的 GPS 脉冲信号和电位数据也会自动记录。

表 4-7　特征点选择

数字键	特征点	数字键	特征点
1	防腐层缺陷点	5	阴极保护站
2	测试桩	6	阀门
3	管线电缆连接点	7	管线穿越点
4	标志点	8	其他

4）输入距离

按"DIST"也可手动输入距离，"DEL"键可删除输入错误的数字，"ENT"键可进行数据储存。

5）下载数据

通过 PC 机连线下载储存数据，按"ENT"进行下载。

6）清除数据

按"ENT"删除全部记录的数据。

2. 探杖和电极

探杖和电极连接如图 4-23 所示。两根探杖用来做 CIPS 检测，它们通过连接器和电缆进行连接，第三根探杖是备用或作为横向和竖向测量时的电极使用，无花纹的手柄用来执行 CIPS/DCVG 组合的测量或直接的 CIPS 测量。

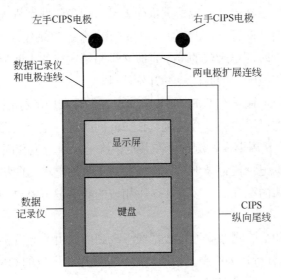

图 4-23　探杖和电极连接

（四）操作方法

1．设备连接

1）断流器连接

断流器的连接与 DCVG 断流器连接相同。

2）检测设备连接

典型的 CIPS 检测设备连接方法是：两个带有饱和硫酸铜参比电极的探杖通过一条柔性电缆与记录仪连接。在进行 CIPS 检测时，这种两个电极的扩展线连接方法可以使测量者在行走过程中始终保持有一个电极与土壤充分接触（图 4-23）。

2．数据采集前的必要准备工作

在开始检测工作之前，所有设备电量应充足，并应尽可能多地收集被测管线的相关信息，收集的资料包括（但不应仅限于这些内容）：

（1）管材，包括钢的等级。

（2）管线直径和管壁的厚度。

（3）整条管线的防腐层材质及施工情况。

（4）带有尽可能多数据的管线走向图。

（5）所有 CP 电源的汇流点位置（距离）和 CP 电流的流向。

（6）可能引起杂散电流的干扰源的位置。

（7）不易进入的管道铺设区域、河流穿越及主干路的穿越情况。

（8）管线正上方的任何地理和环境变化。

（9）任何固定的地图测绘点的位置。

3．通/断电位测量

（1）设置检测仪的通断周期，应根据操作人员对设备的熟练程度进行设置，当不熟练时尽量选择较长的中断周期进行 CIPS 检测，当 CIPS 数据记录仪采用 0.45s ON，0.8s OFF 周期进行电位测量记录时，记录仪的测量定时必须与断流器的中断周期保持同步，使得记录仪能够识别阴极保护被断开的时间点并开始计时。

（2）进行管道定位，通常在 CIPS 前 4～5m，并做好相应的标识。

（3）沿管道正上方以平常的步行速度、1～2m 间距进行电位的测量，通断电位会自动记录。在断流器多个通断周期内检测仪会在某点多次记录通电位和断电位，测得的通电位、断电位的平均值由数据记录仪记录下来，作为相对于参比电极的阴极保护 ON/OFF 电位。

（4）记录管道沿线的特征点，按表 4-7 中相应的数字键可以自动记录相应的特征点。

4．数据分析

将现场采集的 CIPS 检测数据通过数据线下载到内业用的计算机，即可对数据进行分析。单独的 CIPS 数据分析较为简单，按检测时间的顺序将电位的 ON、OFF 数据绘制成以时间或距离为横坐标轴的曲线即可。

七、杂散电流检测

任何来自外部电流源施加到埋地钢质管道上都会产生杂散电流干扰，杂散电流由土壤流入管道（阴极端），再由管道流向土壤（阳极端），当电流离开管道时，管道开始发生腐蚀。高低压输电线路、工厂、电气化铁路以及构筑物防雷接地装置等产生的杂散电流对于现有的管道阴极保护控制系统具有较大的破坏性作用，因此，为了保障埋地钢质管道的运行安全，必须对其进行有效检测和维护。

干扰腐蚀一般可通过观察腐蚀部位的外观特征、调查腐蚀区域周围环境、进行现场测试等工作来进行识别和判定。对于直流干扰的判定和评价，目前国内主要采用电位偏移和电位梯度两项指标。按 SY/T 0017—2006《埋地钢质管道直流排流保护技术标准》或 GB/T 21447—2008《钢质管道外腐蚀控制规范》规定，当管道任意点上的管地电位较自然电位偏移 20mV 或管道附近土壤电位梯度大于 0.5mV/m 时，确认为直流干扰；当管道任意点上管地电位较自然电位正向偏移 100mV 或者管道附近土壤电位梯度大于 2.5mV/m 时，管道应及时采取直流排流保护或其他防护措施。干扰严重程度和杂散电流强弱程度的分级评定指标分别见表 4-8 和表 4-9。

表 4-8　直流干扰程度的判断指标

直流干扰程度	弱	中	强
管地电位正向偏移值，mV	<20	20～200	>200

表 4-9　杂散电流强弱程度的判断指标

杂散电流强弱程度	弱	中	强
土壤电位梯度，mV/m	<0.5	0.5～5	>5

便携式杂散电流检测仪可以同时记录管道上瞬时电位的变化、管道周围地电位梯度的

变化，描绘杂散电流对管道造成的影响，评定杂散电流干扰强度等级，目前生产厂家较多，但设备功能基本相同，以目前已在用的一款储存式杂散电流测试仪为例进行说明。

（一）功能介绍

储存式杂散电流测试仪及操作面板如图 4-24 所示。杂散电流测试仪由主机和三组测试线组成，另包括上位机软件、同步连线一条及 U 盘一个。面板包括：液晶屏（显示仪器参数的设置菜单、测量数据和有关参数及标志）、11 个按键（A/BC/3 个通道切换键、菜单键、返回键、4 个方向键、确认键、背光开关键）、1 个时针同步接口、1 个电源开关及 1 个 U 盘插口。

(a) 杂散电流测试仪实物　　　　　　　　(b) 操作面板

图 4-24　杂散电流测试仪

（二）操作方法

该仪器有 3 种工作模式：设定模式、待机模式、存储模式。

使用的基本流程：检查电源→U 盘容量够并确保 U 盘插入 U 盘插口→开机→设定有关参数→进入待机模式→测量存储→测量完成→测量完成再次进入待机模式→关机→取下 U 盘。

1. 仪器菜单按键设定

按下"菜单"键，仪器进入设定模式，显示屏左下方的"设定"字符点亮。在屏幕左侧显示 5 项主菜单（时间设定、通道设定、速率设定、时钟同步、通道校准），如图 4-25 所示。按上下方向键选择菜单项，按"确认"键进入设定状态或二级菜单，按"返回"键退出主菜单。

图 4-25　显示屏显示

1）时间设定

在主菜单选择"时间设定"并按"确认"键，显示屏下方显示时间设定二级菜单（共3项：开始时间、当前时间、结束时间）。按上下方向键选择设定项目，按"确认"键进入所选项目参数设定状态。在参数设定状态下，用方向键进行设定（左右键选择参数数据位，上下键调整参数值），按"确认"键完成确认，全部项目设定完成后，按"返回"键退出时间设定二级菜单，回到主菜单。

2）通道设定

在主菜单选择"通道设定"并按"确认"键，显示屏上方显示通道设定二级菜单（左侧显示"A、B、C"3个通道号，右侧显示"DCV、$\overline{DCV}$、ACV、OFF"4种通道状态）。设定时，按左右方向键选择设定的通道，然后按上下方向键选择通道状态。全部通道设定完后按"确认"键退出二级菜单，回到主菜单。

3）速率设定

在主菜单选择"速率设定"并按"确认"键，显示屏左下方显示两位可调状态的数字，用方向键进行设定，按"确认"键，回主菜单。

4）时钟同步

时钟同步是对两台仪器进行时间上的同步，用专用同步连线将两台仪器通过"时钟同步"接口连接起来，两台仪器均选择"时钟同步"并按"确认"键，显示屏右侧显示时钟同步二级菜单（发送时钟、接收时钟），按上下键，一台选择"发送时钟"，一台选择"接收时钟"，按"确认"键。同步成功，则两仪器同时发出蜂鸣声。按"返回"键退出，回到主菜单。

5）通道校准

通道校准是3个通道同时校准，分直流和交流两种电压类型，利用三组测试线进行校准。

时间、通道、采样速率及其他内容也可以事先在电脑上通过配备的U盘进行设置后，再至现场进行测试。

2. 仪器测量

在仪器的右侧有3个信号输入端口（分别对应DCV、$\overline{DCV}$、ACV），分别连接3组测试线，各参数设定好后，将每组黑线连接参比电极，红线连接管道，在设定的开始时间前打开仪器，当到达开始储存时间后，仪器自动测量并存储测量数据，到达结束存储时间后，仪器自动停止数据存储。关闭仪器后，将U盘插到电脑上，便可利用配套软件进行数据处理。

第二节　专项检测

管道内检测是利用无损检测中的漏磁原理、超声波技术或涡流技术，通过清管通球的方式，对管道进行全面专项检测的方法。目前常用的3种检测技术分别是漏磁检测、超声波检测和脉冲涡流检测，其中前两种技术较成熟。内检测技术也是管道完整性评价3种评价方法之一。

1998年，西南油气田分公司在重庆气矿达卧线达福段首次引进国外漏磁式智能检测技术，随着技术的不断更新，目前已得到了广泛的应用。

一、检测原理

（一）漏磁检测

漏磁检测即运用清管通球的方式，利用设备自身携带的磁铁，在管壁上产生一个纵向磁场回路。如果管壁没有缺陷，则磁力线封闭于管壁内，均匀分布，而管道内外壁上的任何异常会使磁通路变窄，磁力线发生变形，部分磁力线穿出管壁产生漏磁，探测器探测和录取漏磁量，根据漏磁量来判断识别缺陷尺寸和各类其他因素，如管件、阀门、焊缝等。检测工具由电源、磁化装置、腐蚀传感器、内/外径腐蚀传感器、数据记录装置、定位系统及里程轮组成，原理如图4-26所示。

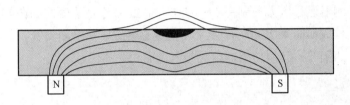

图4-26　漏磁检测原理

漏磁检测的优点：能检测内外腐蚀、壁厚变化、环形焊缝、凹陷，以及阀门、三通、金属接近物和其他管道特性，适应能力比超声波智能检测高，能通过所有标准管道部件，对焊缝敏感，操作成本比超声波智能检测低，操作简单等。

漏磁检测的缺点：不能识别管线中的夹层和裂纹；检测精确度和准确度稍低于超声波；检测工具运行速度要求较严，速度过快，资料录取不完整，速度过慢，造成检测仪停顿多，启动速度快，数据不完整，精度不高。管线被磁化后，在焊接维修过程中，需进行消磁处理。

（二）超声波检测

超声波检测是利用超声波在同一介质中匀速传播，且可在金属表面发生部分反射的特性进行管道探伤检测的。即使压电晶体产生的声波脉冲在检测材料中传导，声脉冲被材料的前后表面以及材料中部的较大缺陷反射回来，用同一块或另一块压电晶体接收，把检测到的缺陷信号放大，显示在示波器上，从而分析确定缺陷的尺寸。

超声波检测的优点：测量精度高可达到±0.02mm，可探测极小缺陷，可确定缺陷位置、尺寸、方位、形状和性质；操作安全，对附近人员、设备、材料无影响；能够发现裂纹缺陷。

超声波检测的缺点：需要耦合剂，不适合气体管道的检测，对操作人员的技术要求极高，无法探测表面附近浅层中的缺陷。

（三）脉冲远场涡流管道检测

脉冲远场涡流管道检测方法的传感器结构由间隔一定距离的激励线圈和检测线圈组成，检测线圈处于远场区。脉冲激励电流通常为周期性的具有一定占空比的方波，激励线圈中的脉冲电流产生一个脉冲磁场，变化的磁场在管壁中感应产生瞬态脉冲涡流，从而会产生一个涡流磁场，这两部分磁场在检测线圈上感应出随时间变化的电压。如果管壁上有缺陷存在，就会影响到涡流的分布，最终使检测线圈上的瞬态感应电压发生变化，通过测量瞬态感应电压，就可以得到有关的缺陷信息。将这种在激励线圈上加载脉冲信号源，且检测线圈处于远场区情况下的管道涡流检测方法，称为脉冲远场涡流管道检测方法。

二、漏磁检测工具构成、工作程序及技术要求

在管道基本运行条件（压力、气量、输送介质、管径等）满足检测器运行条件（可参见相关标准）的基础上，可通过一系列的工作程序进行管道智能检测。

通常要求检测器运行压力控制在 2.0～7.0MPa 之间，运行速度控制在 1.0～4.0m/s 之间。漏磁检测工具的构成如图 4-27 所示，其中 I 型传感器主要是检测支管、金属损失、壁厚改变、焊缝异常、凹陷等，II 型传感器检测与内表面相关的信息。

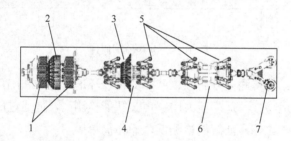

图 4-27　漏磁检测工具结构图

1—永久磁化装置（磁刷）；2—传感器（I 型）；3—传感器（II 型）；

4—数据处理装置；5—支撑轮；6—电池装置；7—里程轮

1. 工艺适应性改造

工艺适应性改造即对检测服务方评估的不满足检测器运行的管道及管道附属设施进行改造或更换，来满足检测器的运行，主要包括收发球筒、阀门、三通、弯头、架空管段等一系列的改造。

收发球筒应满足收、发检测器的尺寸，阀门、三通、弯头内径应满足检测的通过能力，架空管线应进行加固。

2. 管道沿线定标、建标

为了跟踪定位检测器并记录通过时间，管道沿线约每 1km 都要选定一个固定的标识点，然后在管道正上方安装一标志桩（图 4-28），即定标、建标。根据通过的记录时间，进行管道检测数据分析时，可方便检测数据精确定位，同时通过建标点，可以方便地查找管道特征（如缺陷、管节等的位置）。

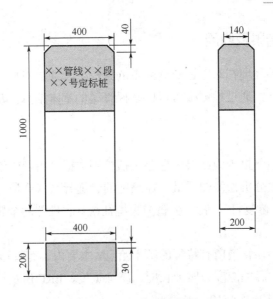

图 4-28 标志桩示意图

注：单位为 mm，标志桩埋深为 600mm

通常定标位置应交通方便，定标桩应埋设在管道正上方，管道埋深小于 2.5m 处，且尽可能远离电力通讯线缆。

3．清管作业

为了尽可能不影响检测精度，应尽量保持管道清洁。通常清管作业分为日常清管方式（清管球、标准清管器）和特殊清管方式（带钢丝刷清管器、带磁铁清管器、除垢器），管道清洁应满足检测方的要求。

管道清洁后再利用带测径板清管器进行管道测径，测径板直径宜为检测管道最小内径的 90%。

4．运行模拟体

运行模拟体主要是为运行下一步的几何检测器及漏磁检测器做准备，通过相同的管道运行条件（气量、压力）运行模拟体，从而确定下一步的检测计划。

5．几何检测

几何检测主要是为漏磁检测做准备，通过几何检测器，检测管道的长度、径向几何尺寸的变化、凹凸度、椭圆度（大于 5%的椭圆度变形）、三通和其他特征，从而判断被检测管段能否进行腐蚀检测。

6．漏磁检测

漏磁检测主要是检测管道的内/外腐蚀缺陷、制造缺陷、凹陷、壁厚变化、环形焊缝异常、弯头、阀门、三通、套管和其他管道特性。

漏磁检测运行与清管作业运行方式相同。因漏磁检测器较重（约 300~500kg），且磁力较强，与管道的摩阻较大，因此运行时，运行气量应比理论计算气量多 10%左右。

运行几何及漏磁检测器前，应提前安排好人员对定标监测点的跟踪，定标盒应紧挨定标桩摆放，且与管道气流方向一致。

三、漏磁检测结果及应用

漏磁检测结果主要体现在对管道数据列表的分析上，通过对检测器检测数据的分析，最终提交管道检测报告，通过检测报告可以掌握管道的基本信息，从而方便对管道进行维修、维护、管理。

1. 漏磁检测结果

漏磁检测以提供检测报告为结果，主要包括检测数据分析及管道数据列表两部分。

检测数据分析主要分析检测的质量、检测出的管道异常（金属外接物、偏心套管、凹陷、环焊缝异常、补丁修复管节等）、金属损失特征统计、推荐的金属损失检测单及基于压力的检测报告。

管道数据列表包括该管道所有特征的基本信息，主要内容有管道焊缝编号、相对距离、绝对距离、管道特征、腐蚀深度、腐蚀长度、腐蚀宽度、ERF 值及特征时钟方向，主要特征及特征相关信息分别见表 4-10、表 4-11。

表 4-10　管道主要特征中英文对照表

序号	英　文	中　文
1	LONGNL SUB ARC WELD START	纵向埋弧焊起点
2	BALL VALVE	球阀
3	××MM OFFTAKE-WELDOLET	××mm 支管对焊管座（T 接三通）
4	CLOSE METAL OBJECT	接近的金属物
5	TOUCHING METAL OBJECT	接触管道的金属物
6	INT （*INT）	内腐蚀（经过详细分析的将标上*号）
7	EXT （*EXT）	外腐蚀（特征）
8	xD ×× DEG BEND-HOT PULLED RIGHT	xD ××° 热拉右向弯头
9	xD ×× DEG BEND-HOT PULLED Left	xD ××° 热拉左向弯头
10	xD ×× DEG BEND-HOT PULLED Under	xD ××° 热拉上弯弯头
11	xD ×× DEG BEND-HOT PULLED Over	xD ××° 热拉下弯弯头
12	xD ×× DEG BEND FORGED RIGHT	xD ××° 锻造右向弯头
13	xD ×× DEG BEND FORGED Left	xD ××° 锻造左向弯头
14	xD ×× DEG BEND FORGED Under	xD ××° 锻造上弯弯头
15	xD ×× DEG BEND FORGED Over	xD ××° 锻造下弯弯头
16	MFG	制造特征（建管前或建管中形成的）
17	MFG R	安装了定标带的制造特征
18	ML	金属损失
19	SPIRAL WELD START	螺旋焊缝起点
20	NWT ××MM	标称壁厚 ××mm
21	××MM GIRTH WELD ANOMALY	××mm 环焊缝异常

续表

序　号	英　文	中　文
22	D（OD）	外径
23	MP××（marker）	标志盒（maglogger）摆放点
24	Attachment	管路连接头
25	Ovality	椭圆度变形
26	SW	直缝焊、电阻焊和螺旋焊
27	FITTING	管件
28	JOINT-INSULATED	绝缘接头

表 4-11　管道数据列表

××站 到 ××站								
焊缝编号	相对距离，m	绝对距离，m	管道特征	腐蚀深度与管壁厚度比值	腐蚀长度，m	腐蚀宽度 mm	ERF	时钟方向 h：m
10	0.0	0.0						
	0.0	0.0	SEAMLESS START					
			××1					
20	0.4	0.4						
	0.5	0.9	VALVE					
30	1.0	1.4						
	0.2	1.6	25 MM OFFTAKE-WELDOLET					12：00
			JOINT-FLANGED					
40	0.8	2.4						
			7.0D 45 DEG BEND　OVER					
50	1.2	3.6						
	0.2	3.8	CLOSE METAL OBJECT					08：30
	2.6	6.2	DENT-4.26%OD		508	129		12：30
60	5.6	9.2						
…	…	…	…	…	…	…	…	…
170	10.5	1123.3						
	2.0	1125.3	INT MFG	14%	15	18		01：15
	3.1	1126.4	EXT ML	28%	110	20	0.909	06：45
	4.4	1127.7	LINE MARKER（1、2…）					
180	10.8	1131.3	50 MM GIRTH WELD ANOMALY					9：30
…	…	…	…	…	…	…	…	…
			××2					

注：（1）焊缝编号：以 10 的倍数计数，从 10 开始，记录的所有的焊缝。

（2）相对距离：表中某行的管道特征距上游焊缝的距离。

（3）绝对距离：表中某行的管道特征距第一条焊缝的距离。

（4）管道特征描述：检测到的管道上的阀门、直管段、弯头、绝缘接头/法兰、内外腐蚀、内外制造缺陷、凹陷、椭圆变形、焊缝异常、定标盒、金属接触物等及相应的尺寸等。

（5）腐蚀深度、长度、宽度：管道金属损失的深度、长度、宽度。

（6）ERF 值：估计维修因子。

（7）时钟方向：该管道特征按检测气流方向顺时针在管道中的位置。

2. 漏磁检测应用

根据漏磁检测结果，可以利用掌握的管道基本信息，加强对管道的维护和管理。因为检测的数据比较真实可靠，因此可以掌握该管道沿线各管件的构成、长度；阀室、支线、绝缘接头等套管等在管道中的位置，管线的长度，以及管道具体某段的腐蚀情况。

对检测出的金属损失缺陷，可通过缺陷评价软件进行评价后进行修复，而且检测到的管道数据信息，方便管道企业对管道进行日常巡视和维修维护。

例：实际生产中，如何确定管道中的某一特征。

以图 4-29 及表 4-11 中的数据为例，确定一个腐蚀点的位置。

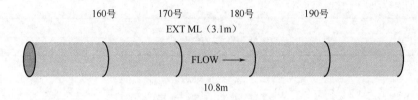

图 4-29　管段特征示意图

例如表 4-11（图 4-29）中 170 号和 180 号焊缝间的"EXT ML"，从数据列表中可以知道，该特征为外腐蚀，位于长为 10.8m 的管节上，距管道起点 1126.4m、距离 170 号焊缝 3.1m，该腐蚀的深度为该管段壁厚的 28%，腐蚀长度和宽度分别为 110m、20mm，腐蚀点的位置按气流方向在管道中顺时针 06：45 的方向。要找到该腐蚀，可从起点量尺寸，大约在 1126m 的位置，再通过验证其上下游的焊缝及管节长度，直至找到在距离 170 号焊缝 3.1m 处，06：45 位置是否有一如上所述的外腐蚀。

第三节　管道监测

适应内检测的管道利用内检测技术可以有效地解决管道内部腐蚀带来的安全隐患，但天然气集输系统内部支线较多，管道所输介质比较复杂，且随着城镇建设步伐加快，第三方施工、地质灾害等也严重威胁到集输管道的安全运行，因此加强管道的监测，及时掌握管道沿线的状况，对减少和杜绝危害管道的各种因素都起着至关重要的作用。

管道检测就是用相应的技术方法来测试管道的性能指标，而管道监测是指长时间对同一管道（部位）进行实时监视，从而掌握它的变化。监测技术常用于管道内腐蚀、埋地管道泄漏和管道地质灾害而实施的监测，如在线腐蚀监测系统、在线泄漏检测与监测系统及地质灾害在线监测系统等。

一、在线腐蚀监测

（一）在线腐蚀监测技术简介

在线腐蚀监测就是把探头插入并连续暴露于工艺流体内，测量流体腐蚀性的行为。在线腐蚀监测技术能够为工艺系统提供直接的和在线的金属损耗和腐蚀速率测量。

在线腐蚀监测技术较多，工业最常用的监测技术有腐蚀挂片法（失重法）、电阻探针法（ER）、线性极化电阻法（Linear Polarization Resistance，简称 LPR）、零阻电流法（ZRA）/电位法、氢探针、微生物法及沙探针/冲蚀等。其中挂片法、电阻探针法和线性极化电阻法构成了工业用腐蚀监测系统的核心。

1. 腐蚀挂片法

腐蚀挂片法是最常用、最简单的腐蚀监测技术，其基本的测量原理就是失重，在一定的暴露时间内发生的重量损失就是腐蚀速率。挂片法的缺点是如果在暴露时间内发生腐蚀波动，单独使用挂片不能判断波动发生的时间，不能根据波动的峰值和时间段记录重量损失显著增加的时间。腐蚀挂片如图 4-30 所示。

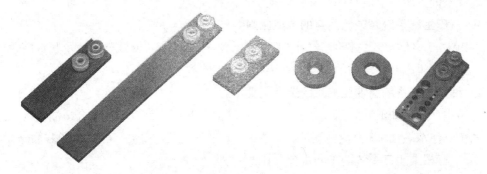

图 4-30　腐蚀挂片

2. 电阻探针法

电阻探针（ER）可以看成"电子的"腐蚀挂片，跟挂片一样，电阻探针（图 4-31）测量的是金属损失，但是它可以随时进行测量。

图 4-31　电阻探针

3. 线性极化电阻法

线性极化电阻（LPR）技术基于复杂的电化学原理，为了应用于工业测量，其原理被简化为非常基础的概念。基本来说，就是在浸于溶液中的电极上施加一个很小的电压（或极化电压），需要产生一个很小的电流来维持此电压漂移（典型为 10mV），此电流与溶液中的电极表面腐蚀直接相关，通过测量电流可以得到腐蚀速率。

LPR 技术的优点为腐蚀速率的测量是瞬时的。相对于挂片法和 ER 法来说，它是一个很强大的工具，因为它不是基于金属损失的，不需要暴露一定时间来确定腐蚀速率。缺点是它只能成功用于相对干净的含水电解液里，不适用于气体或水/油乳液中，电极上的污垢会妨碍测量。

（二）油气田系统腐蚀监测点建点原则

油气田生产系统腐蚀监测点的选择遵循"区域性、代表性、系统性"的原则，所谓"区域性"是指某一个区块或某一个油田（气田）；"代表性"是指在生产系统中能达到以点代面的点；"系统性"是指围绕和贯穿整个油气田生产系统的各个环节。由于油田和气田生产处理流程不同，所以监测点的选择需依据生产流程而定。

1. 气田生产系统腐蚀监测点的选择原则

气田生产系统如气井井筒→气井井口→分离器→集输干、支线→脱硫及脱水装置→外输气，应根据生产井及场站的不同进行选择。

2. 油田生产系统腐蚀监测点的选择原则

油田生产系统如油井井筒（上、中、下）→油井井口→计量站→联合站油系统→污水处理系统→注水站（污水、清污混注、清水）→配水间→注水井井口→注水井井筒→（上、中、下），应根据生产系统的不同进行选择。

输送介质的腐蚀性评价指标见表 4-12（参考 GB/T 23258—2009《钢质管道内腐蚀控制规范》）。

表 4-12　管道及容器内介质腐蚀性评价指标

项　目	级　别			
	低	中	较重	严重
平均腐蚀率，mm/a	＜0.025	0.025～0.12	0.13～0.25	＞0.25
点蚀率，mm/a	＜0.13	0.13～0.20	0.21～0.38	＞0.38

二、泄漏检测与监测

埋地天然气管道，特别是混凝土路面的城镇燃气管道，由于压力低，一旦管道出现小的腐蚀穿孔或开裂，短期内很难直向上窜至地面，甚至造成没有泄漏的假象，但随着积聚的量越来越大，便会从混凝土裂缝处或其他土壤地面处泄漏出来，易造成人身伤害和财产损失，因此有针对性地采用泄漏检测技术进行管道检测，加强管道的泄漏巡检，对早期发现的管道泄漏，确定泄漏点位置，及时进行整改，减少因管道泄漏带来的危害具有重要的意义。

泄漏的检测方法一般包括以下几种。

1. 直接观察法

直接观察法是依靠有经验的管道巡管人员或经过训练的动物巡查管道。通过看、闻、听或其他方式来判断是否有泄漏发生。

通常情况下，城市埋地管网较为密集，干扰较大，而且城市建设较快，易造成管道走向不清，增加了管道巡检和后期维护的难度，因此就需要在建设、运行阶段加强管道的管理，运用适合城市混凝土路面的金属管道探测仪，准确探测管道的位置和埋深。

2．管内智能爬机

智能爬机在管道工业中应用得十分广泛，如果配置各种传感器，就能组成智能检测系统。目前利用机器可以检测管内的压力、流量、温度以及管壁的完好程度。智能爬机可分为超声波动检测器及漏磁通检测器两类，而漏磁通检测器应用较多，通过对记录在机器内的数据进行处理，可以得到很多信息，同时也可以判断管道是否泄漏。

3．质量或体积平衡法

质量或体积平衡法是基于质量守恒或体积守恒关系来判断管道是否发生泄漏的，当管道发生泄漏，入口与出口形成流量差，流量差超出一定的范围时，可判定管道发生了泄漏。但由于气体的可压缩性和流量测量的非同步性，其误报率和漏报率都很高，因此不适合输气管道的泄漏监测，特别是输量频繁变化的管道的监测。

4．飞行检测方法

飞行检测方法是指由直升机带一高精度红外摄像机沿管道飞行，通过分析输送物资与周围土壤的细微温差确定管道是否泄漏，利用光谱分析可检测出较小泄漏位置。这种方法可用于长管道、微小泄漏的检测，其缺点是对管道的埋设深度有一定的限制。据有关资料介绍，当直升机的飞行高度为 300m 时，管道的埋设深度应在 6m 之内。

5．车载式天然气检漏

车载式天然气检漏技术也称为光学甲烷探测器，即将火焰离子（FID）检测仪安装在常速行驶的普通车辆上，操作时红外光源可从装置一侧穿过检测车前沿投射到前端减震器另一侧上面的光学检测器上，甲烷穿过这种光束时会被检测到。

6．声波检测技术

当输送管道发生泄漏时，流体瞬间从管内流出，管内外压力差将产生特定的频率声波信号，声波通过管内介质传导，由管壁上、下游传送，利用信号到达感应器的时间差，可以计算出泄漏位置，该法主要用于漏点定位。

7．泄漏监测系统

光纤管道安全预警系统可用于对管道泄漏进行监测，该系统利用通讯光缆作为探测工作，由激光发射器、传感接收器和传声报警等部分组成，可实时不间断地检测油气输送管道的穿孔泄漏、地层移动及滑坡等现象，并能准确无误地指出遭受破坏或发生故障的地段。

该系统通过埋设的光纤及振动传感器，可以灵敏地接收到带有压力的管道内流动的信号，微小的泄漏也会改变正常的信号，可以长距离地进行全程监测。

三、管道地质灾害监测

油气管道地质灾害监测技术是利用监测手段获取滑坡、崩塌、地面沉降与塌陷等重大灾害的灾害体、管道及灾害-管道相互作用的活动参数，判断其安全状态并预期发展趋势，为防治决策提供依据，从而保证管道安全。

（一）滑坡监测

1. 监测内容

滑坡灾害监测内容分为灾害体监测、管道体监测和滑坡-管道相互监测，也就是滑坡形变、滑坡变形破坏的相关因素及滑坡诱发因素监测，具体内容见表 4-13。

表 4-13　滑坡灾害监测内容

监测项目	监测内容
地质宏观监测	滑坡裂隙（拉张裂隙、剪切裂隙、鼓张裂隙、扇形裂隙等）、建筑物裂缝和泉水动态等；地表隆起、位移（如沟谷变窄）、地面沉降及塌陷等
地表位移监测	滑体的三维位移量、位移方向及位移速率等绝对位移量
深部位移监测	深部裂缝、滑带等点与点之间的绝对位移量和相对位移量
地表水监测	与滑体有关的河，沟，渠的水位、水量、含砂量等动态变化及农田灌溉用水的水量和时间
地下水监测	钻孔、井水水位及水压力、泉水的动态变化等
气象监测指标	包括降雨量、降雪量、融雪量、气温、蒸发量等

2. 监测方式

常用的监测方法有宏观地质监测法、大地精密测量法、GPS 法、近景摄影测量法和 TDR 监测法等。

1）宏观地质监测法

宏观地质监测法主要是对滑坡发育过程的各种迹象，如地裂隙、房屋、泉水动态等进行定期监测、记录，掌握滑坡的动态变化和发展趋势。其中最常见的是对地表裂隙、建筑物变形进行监测。在裂隙处设置简易监测标志，定期测量裂隙长度、宽度、深度的变化，以及裂隙的形态和开裂延伸方向等。

2）大地精密测量法

大地精密测量法即采用高精度光学和光电测量仪器，如精密水准仪、全站仪等，通过测角和测距来完成监测任务。该方法能确定边坡变形范围、观测边坡体的绝对位移、通过三维测量能提供点位坐标和高程。监测边坡的二维（X、Y）水平位移常用前方交会法和距离交会法；监测水平单向位移常用视准线法、小角法及测距法；监测边坡垂直位移常用几何水准测量法和精密三角高程测量法。

3）GPS 法

GPS 作为现代大地测量的一种技术手段，已广泛应用于滑坡、地面沉降及地裂缝等地质灾害监测。通过跟踪 GPS 卫星连续不断地传送全球的电磁波，系统可获取经度、纬度及三维坐标。GPS 法以坐标、距离和角度为基础，用新值与初始坐标之差反映目标的运动来实现监测变形的目的。该方法适用于滑坡不同变形阶段地表三维位移监测。

4）近景摄影测量法

近景摄影测量法是把近景摄影仪放置在 2 个不同的固定测点上，同时对边坡范围内观测点摄影构成立体像时，利用立体坐标仪量测像片上观测点三维坐标的一种方法。该方法主要适用于变形速率较大的滑坡水平位移及危岩陡壁裂缝变化监测。

5）TDR 监测法

时间域反射测试技术（Time Domain Reflectometry，TDR）是一种电子测量技术，一直被用于各种物体形态特征的测量和空间定位。TDR 用于滑坡监测时，向埋入监测孔内的电缆发射脉冲信号，当遇到电缆在孔中产生变形时，就会产生反射信号。经过反射信号的分析，就能确定电缆发生形变的程度和位置。

（二）崩塌监测

1．监测内容

崩塌灾害监测内容分为危岩体外部变形、内部变形及物理场变化、崩塌活动的动力条件与环境变化等。

2．监测方法

（1）应用大地形变测量、卫星定位系统（GPS）测量、地面倾斜测量、自动遥测、激光全息摄影等方法监测危岩体位移、裂缝变形和地面变形情况。

（2）应用钻孔倾斜仪、声发射测量、电测、地应力测量、地温测量等方法监测危岩体内部滑动变形、裂缝扩张、地应力场变化、地温场变化情况。

（3）应用气象、水文和微震等观测方法监测降雨、水文动态、地下水动态、地震活动等；对可能引发崩塌的爆破、采挖、削坡、排水等人为活动进行监测。

（三）地面沉降与塌陷监测

1．监测内容

常用的监测内容可分为土体变形及沉降监测、管体监测和管土相对位移监测。

2．监测方法

管体监测与滑坡监测方法相同，土体变形及沉降监测可采用 GPS 和 TCA 全站仪、埋设板式分层沉降监测标监测，管土相对位移采用光纤光栅位移传感器进行监测。

（四）地质灾害实时监测预警系统

完整的管道地质灾害预警系统由两部分组成：现场监测部分和数据采集处理部分。现场监测部分由设置在灾害体和管体上的各类监测仪器组成；数据采集处理由现场监测数据采集系统、数据传输和室内数据处理与预警预报系统组成。

灾害体和管道上安装的监测仪器获得灾害体变形、管道应力变化等信息，由自动采集装置采集，并通过数据传输系统（如 GPRS、无线电等）传输至室内控制系统，控制系统对数据进行分析处理后可实时和定期发布监测信息，当灾害体变形、管道应力等超过预设值时，系统将发现警报，提醒采取措施。

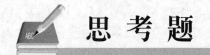

思 考 题

1. 如何利用超声波壁厚检测仪测量管道壁厚？

2. 如何利用电火检测仪检测管道绝缘层？

3. 如何利用 PCM（PCM+）查找管道走向、测量管道埋深，查找管道破损点位置？

4. 简述 DCVG、ACVG 方法。

5. 简述漏磁检测过程，掌握管道数据列表的内容。

6. 简述挂片法、电阻探针法在线腐蚀检测技术。

第五章

高后果区识别及风险评价

在管道完整性管理中，风险分析和风险评价是进行完整性管理的必要步骤。它的目标是对管道完整性评估和事故减缓活动进行优先排序，评价事故减缓措施的效果，确定对已识别危险最有效的减缓措施。通过管道风险评价，对管道完整性管理活动进行排序，合理制定完整性管理计划，优化维修决策，降低管道管理运行成本。

管道的风险评价是指用系统的、分析的方法来识别管道运行过程中潜在的危险、确定发生事故的概率和事故的后果。

第一节　高后果区识别

一、输气管道高后果区识别

1．高后果区域

管道经过区域若符合如下任何一条则为高后果区域。

（1）管道经过的四级地区。

（2）管道经过的三级地区。

（3）如果管径大于 762mm，并且最大允许操作压力大于 6.9MPa，其管道潜在影响区域内有特定场所的区域。

（4）如果管径小于 273mm，并且最大允许操作压力小于 1.6MPa，其管道潜在影响区域内在特定场所的区域。

（5）其他管道两侧各 200m 内有特定场所的区域。

（6）除三、四级地区外，管道两侧各 200m 内有加油站、油库等易燃易爆场所。

2．地区等级划分

沿管线中心线两侧各 200m 范围内，任意划分成长度为 2km 并能包括最大聚居户数的若干地段，划定范围内的户数应划分为四个等级（GB 50251—2015《输气管道工程设计规范》）。

（1）一级一类地区：不经常有人活动及无永久性人员居住的区段。

（2）一级二类地区：户数在 15 户或以下的区段。

（3）二级地区：户数在 15 户以上、100 户以下的区段。

（4）三级地区：户数在 100 户或以上的区段，包括市郊居住区、商业区、工业区、规划发展区以及不够四级地区条件的人口稠密区。

（5）四级地区：四层及四层以上楼房（不计地下室）普遍集中、交通频繁、地下设施多的区段。

当划分地区等级边界线时，边界线距最近一幢建筑物外缘不应小于 200m；当一个地区的发展规划足以改变地区现在的等级时，应按发展规划划分地区等级。

3. 特定场所

特定场所包括特定场所Ⅰ、特定场所Ⅱ两类。

特定场所Ⅰ：医院、学校、托儿所、幼儿园、养老院、监狱和商场等人群疏散困难的建筑区域。

特定场所Ⅱ：在一年之内至少有 50d（不可连贯计时）聚集 30 人或更多人的区域。例如集贸市场、寺庙、运动场、广场、娱乐休闲地、剧院及露营地等。

4. 潜在影响区域内管道高后果区段

由于天然气具有很大的扩散性，因此潜在影响区域计算是针对输气管道的。当输气管道发生断裂或爆炸事故后，可能对周边居民造成的财产损失及人员伤害，通过计算潜在影响半径，能够得出高后果区的影响区域。

1）潜在影响半径

潜在影响半径按式（5-1）进行计算。

$$r = 0.099\sqrt{d^2 p} \tag{5-1}$$

式中　r——受影响区域半径，m；

　　　d——管道外径，mm；

　　　p——管段最大允许操作压力，MPa。

2）潜在影响区域及管道高后果区段

如外径为 813mm 的管道，最大允许操作压力为 7MPa，则其潜在影响半径为 213m。在该潜在影响半径内如果有特别场所，则潜在影响区域及管道高后果区段如图 5-1 所示。

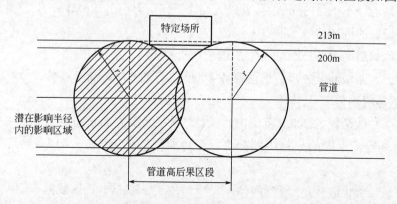

图 5-1　管道高后果区段

二、输油管道高后果区识别

输油管道高后果区段识别见表 5-1。

表 5-1　输油管道高后果区段识别

序号	识别项
1	管道中心线两侧各 200m 范围内，任意划分成长度为 2km 并能包括最大聚居户数的若干地段，四层及四层以上楼房（不计地下室）普遍集中、交通频繁、地下设施多的区段
2	管道中心线两侧各 200m 范围内，任意划分 2km 长度并能包括最大聚居户数的若干地段，户数在 100 户以上的区段，包括市郊居住区、商业区、工业区、发展区以及不够四级地区条件的人口稠密区
3	管道两侧各 200m 内有聚居户数在 50 户或以上的村庄、乡镇等
4	管道两侧各 50m 内有高速公路、国道、省道、铁路及易燃易爆场所等
5	管道两侧各 200m 内有湿地、森林、河口等国家自然保护地区
6	管道两侧各 200m 内有水源、河流、大中型水库

三、输气管道高后果区识别补充要求

（1）当识别出的高后果区的区段相互重叠或相隔不超过 50m 时，应作为一个高后果区段。

（2）当管道长期低于最大允许操作压力运行时，潜在影响半径宜按照最大操作压力计算。

四、高后果区识别报告

高后果区可采用地理信息系统或现场调查进行识别，并在报告里明确说明使用的方法，高后果区识别报告应包括如下部分。

（1）概述。

① 本次高后果区识别工作的情况概述，包括识别单位、识别方法及识别日期等。

② 管道参数以及信息的获取方式。

③ 管道周边人口和自然环境情况。

（2）识别结果，应至少包括如下内容：

① 高后果区管段识别统计表。

② 高后果区管段长度比例图。

③ 减缓措施。

④ 再识别日期。

第二节　管道风险评价

风险是事故发生的可能性与事故造成的后果的严重程度的综合度量。风险评价是指识别对管道安全运行有不利影响的危害因素，评价事故发生的可能性和后果大小，综合得到管道风险大小，并提出相应风险控制措施的分析过程。管道投产后 1 年内应进行风险评价，高后果区管道进行周期性风险评价，其他管段可依据具体情况确定是否开展评估。

（一）风险评价方法

管道风险评价方法按照结果的量化程度通常分为定性法、半定量法和定量法 3 类。

1．定性法

定性法的评价结果一般为风险等级或其他定性描述，代表方法有风险矩阵法、安全检查表法等。

2．半定量法

半定量法的评价结果为一相对数值，用其高低来表示风险的高低，无量纲，代表方法有肯特（Kent）打分法。

3．定量法

定量法的评价结果一般也是数值，也用其大小来表示风险的高低，但此数值有实际意义，有量纲，代表方法有概率风险评价、故障树分析、事件树分析、数值模拟方法等。

应根据管道风险评价目标的不同选择合适的评价方法，常用的风险评价方法有风险矩阵法和指标体系法。

（二）风险评价流程

管道风险评价由管道危害因素识别、数据采集与管段划分、管道风险计算、风险定级及提出风险削减措施建议等组成。

管道风险评价流程如图 5-2 所示。

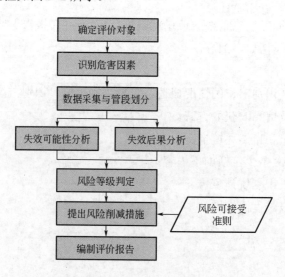

图 5-2　风险评价流程

（三）管道危害因素识别

根据管道失效危害因素，正确进行风险评估、完整性评价和减缓活动。各类相关的危害因素见表 5-2。

表 5-2　管道危害因素

分类	管道危害因素
与时间相关的因素	（1）外腐蚀
	（2）内腐蚀
	（3）应力腐蚀开裂或氢致开裂
	（4）凹陷疲劳损伤
固有因素	（1）与制管有关的缺陷
	①管体焊缝缺陷
	②管体缺陷
	（2）与焊接/施工有关的缺陷
	①管体环焊缝缺陷
	②制造焊缝缺陷
	③折皱弯头或壳曲
	④螺纹磨损、管子破损或管接头损坏
与时间无关的因素	（1）机械损坏
	①甲方、乙方或第三方造成的损坏（瞬间或立即损坏）
	②以前损伤的管子（滞后性失效）
	③故意破坏
	（2）误操作
	（3）自然与地质灾害
	①低温
	②雷击
	③暴雨或洪水
	④土体移动

（四）数据采集及管段划分

管段应根据管道属性和管道周边环境进行划分，可采用关键属性分段和全部属性分段两种方式进行划分。关键属性分段方式适合风险矩阵法风险评价，全部属性分段方式适合半定量法（风险体系法）风险评价。

关键属性分段，如高后果区、地区等级、管材、管径、压力、壁厚、防腐层类型及站场位置等关键属性数据，比较一致时，可划分为一个管段，以各管段为单元收集整理管道数据，再进行风险分析及等级判定。

全部属性分段：收集所有管道数据后，当任何一个管道属性（如地区等级、管道改线等）沿里程发生了变化，就将管道划分成一个管段，再对每个管段进行风险分析及等级判定。

（五）风险等级判定

1. 半定量风险评价方法

采用半定量风险评价方法，根据划分的管段，按表 5-2 中的管道危害因素计算其失效可能性分值、失效后果分值，并按式（5-2）计算风险值。

$$风险值=（第三方损坏分值+腐蚀分值+制造与施工缺陷分值+$$
$$误操作分值+地质灾害分值）/后果分值 \qquad (5-2)$$

失效可能性指标、后果指示及各风险失效可能性分值计算详见 SY/T 6891.1—2012《油气管道风险评价方法 第 1 部分：半定量评价法》附录 A。

对各个管段风险值进行排序，并分析高风险管段的影响因素，必要时也可按各个管段失效可能性和失效后果进行排序。按照风险计算结果，对管段进行风险等级划分。

2. 管道风险矩阵法

管道风险矩阵应包括管道失效可能性、失效后果和风险的分级标准。失效可能性分级由表 5-3 确定，失效后果由表 5-4 确定，分析过程中分别考虑人员安全、财产损失、环境污染和停输影响等。风险等级见表 5-5。

表 5-3　失效可能性等级

失效可能性	描述	等级
高	企业内曾每年发生多次类似失效，或预计 1 年内发生失效	5
较高	企业内曾每年发生类似失效，或预计 1～3 年内发生失效	4
中	企业内曾发生过失效，或预计 3～5 年内发生失效	3
较低	行业中发生过类似失效，或预 5～10 年内发生失效	2
低	行业中没有发类似失效，或预计超过 10 年后发生失效	1

表 5-4　失效后果等级

后果分类	后果描述				
	A	B	C	D	E
人员伤亡	无或轻伤	重任	死亡人数 1～2	死亡人数 3～9	死亡人数≥10
经济损失	<10 万元	10 万～100 万元	100 万～1000 万元	1000 万～1 亿元	>1 亿元
环境污染	无影响	轻微影响	区域影响	重大影响	大规模影响
停输影响	无影响	对生产有重大影响	对上/下游公司有重大影响	国内有影响	有国内重大或国际影响

表 5-5　风险矩阵

失效后果	失效可能性				
	1	2	3	4	5
E	III	III	IV	IV	IV
D	II	II	III	III	IV
C	II	II	III	III	III
B	I	I	I	II	III
A	I	I	I	II	III

第三节　地质灾害评价

一、管道地质灾害风险定义及特点

（一）管道地质灾害及管道地质灾害风险定义

1. 管道地质灾害

管道地质灾害是指在自然或人为因素的作用下形成或诱发的，对管道安全和运营环境造成破坏和损失的地质作用（现象），可分为岩土类灾害、水力类灾害和构造类灾害。岩土类灾害包括滑坡、崩塌、泥石流、地面塌陷（包括采空区塌陷和岩溶塌陷）、特殊类岩土（如黄土湿陷、膨胀土胀缩、冻土冻融、盐渍土溶陷盐胀、风蚀沙埋等）等；水力类灾害包括坡面水毁、河沟道水毁、台田地水毁等；地质构造类灾害包括断层错动、地震。

2. 管道地质灾害风险

管道地质灾害风险是地质灾害易发性及其影响下的管道易损性和管道失效后果的综合度量。地质灾害易发性是指在某一给定的时间内，某一特定的地质灾害发生的概率；管道易损性是指在地质灾害影响下，管道发生强度破坏或失稳的容易程度。

（二）管道地质灾害风险主要特征

1. 风险的必然性或普遍性

地质灾害是地质动力活动、人类社会经济活动相互作用的结果。由于地球活动不断进行，人类社会不断发展，所以地质灾害将不断发生。从这一意义上说，地质灾害乃是一种必然现象或普遍现象。

2. 风险的不确定性或随机性

地质灾害虽然是一种必然现象，但由于它的形成和发展受多种自然条件和社会因素的影响，所以具体某一时间、某一地点地质灾害事件的发生时机，即在什么时候、什么地点发生何种强度（或规模）的灾害活动，将导致多少人死亡或造成多大损失，都具有很大的不确定性。

（三）管道地质灾害特点

管道地质灾害的特点如下：

（1）突发性，不确定性。管道地质灾害取决于触发活动，如地震、降雨、温度变化和人工活动等。

（2）长期性、动态性。管道地质灾害不是一朝一夕能解决的，将伴随管道整个寿命周期；

（3）危害巨大。

（四）地质灾害类别

地质灾害通常分为岩土类、水力类和构造类3个类型。

1. 岩土类

岩土类地质灾害是指侵蚀、人工活动、地震及冻融等因素引起的岩土体移动，如滑坡、崩塌、泥石流、地面塌陷（岩溶塌陷、采空区塌陷）及特殊岩土灾害（黄土湿陷、膨胀土胀缩、冻土冻融、盐渍土溶陷盐胀、风蚀沙埋）等。

2. 水力类

水力类地质灾害是由水力因素造成的，如坡面水毁、台田地水毁、河沟道水毁（局部冲刷、河床下切、堤岸坍塌、堤岸侵蚀、河流改道）等。

3. 构造类

构造类地质灾害是指由火山、地震等内营力因素造成的灾害，如海啸、地裂、断层、火山喷发等。

二、管道地质灾害风险基本要素

（一）易发性要素

易发性要素包括地质条件要素、地貌条件要素、气象条件要素、人为地质动力活动要素以及地质灾害密度、规模、发生概率（或发展速率）等要素。

地质灾害活动的动力条件主要包括地质条件（岩土性质与结构、活动性构造等）、地貌条件（地貌类型、切割程度等）、气象条件（降水量、暴雨强度等）及人为地质动力活动（工程建设、采矿、耕植、放牧等）。通常情况下，地质灾害活动的动力条件越充分，地质灾害活动越强烈，所造成的破坏损失越严重，灾害风险越高。

（二）易损性要素

易损性要素包括人口易损性要素，管道、工程设施与社会财产易损性要素，经济活动与社会易损性要素及资源与环境易损性要素。

管道等人类经济活动的易损性，即承灾区（地质灾害影响区）管道和各项经济活动对地质灾害的抵御能力与可恢复能力，主要包括人口密度及人居环境、财产价值密度与财产类型、资源丰度与环境脆弱性等。通常情况下，承灾区的人口密度与工程、财产密度越高，人居环境和工程、财产对地质灾害的抗御能力以及灾后重建的可恢复性越差，生态环境越脆弱，管道遭受地质灾害的破坏越严重，所造成的损失越大，地质灾害的风险越高。

三、典型地质灾害调查与识别

（一）滑坡

滑坡是指在一定的自然条件与地质条件下，组成斜坡的部分岩土体，在以重力为主的作用下，沿斜坡内部一定的软弱面（或软弱带）发生剪切而产生的整体下滑破坏。滑坡的下滑速度一般较慢，但也有高速滑坡。

滑坡如图 5-3（a）、图 5-3（b）所示。滑坡所有要素只有发育完全的新生滑坡才同时具备，并非任一滑坡都具有。巡线人员可根据斜坡是否具备部分滑坡要素判断该处是否为滑坡。

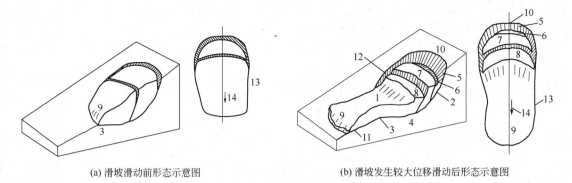

<table>
<tr><td>(a) 滑坡滑动前形态示意图</td><td>(b) 滑坡发生较大位移滑动后形态示意图</td></tr>
</table>

图 5-3　滑坡示意图

1—滑坡体；2—滑动面；3—剪出口；4—滑坡床；5—滑坡后壁；6—滑坡洼地；7—滑坡台地；8—滑坡台坎；

9—滑坡前部；10—滑坡顶点；11—滑垫面；12—滑坡侧壁；13—滑坡周界；14—主滑方向

1．识别方法

滑坡的识别方法如下：

可根据地貌地物、岩土结构、滑坡边界及水文地质这些标志判断滑坡的存在。

（1）地貌地物标志：滑坡在斜坡上常呈圈椅状、马蹄状，滑动区斜坡常有异常台坎分布，斜坡坡脚挤占正常河床呈"凸"形等。滑动体上常有鼻状鼓丘、多级错落平台，两则双沟同源。在滑坡体上有时还可见到积水洼地、地面开裂、醉汉林、马刀树、建筑物倾斜或开裂、管线、公路工程变形等。

（2）岩土结构标志：在滑坡体前缘常可见到岩土体松散扰动，以及岩土层位、产状与周围岩土体不连续的现象。

（3）滑坡边界标志：滑坡后缘，即不动体一侧常呈陡壁状，陡壁上有顺坡向擦痕；滑体两侧多以沟谷或裂缝为界；前缘多见舌状凸起。

（4）水文地质标志：由于滑坡的活动，使滑体与滑床之间原有的水力联系破坏，造成地下水在滑体前缘成片状或股状溢出。正在滑动的滑坡，其溢出的地下水多为混浊状；已停止滑动的滑坡，其溢出的地下水多为清水，但溢流点下游多有泥沙沉积，有时还有湿地或沼泽形成。

2．调查内容

滑坡需调查以下内容：

（1）受影响范围内管道的准确位置（包括滑坡体内及滑坡体外一定范围）、埋设深度、敷设形式、管沟土体性质及管道防护措施。

（2）滑坡与管道的空间位置信息，管道附属设施位置。

（3）管道敷设带滑坡地表变形、拉裂缝信息。

（4）若滑坡与管道不相交，需调查管道与滑坡间地形地貌、岩土体性质等，判断滑坡变形后影响到管道的可能性及影响程度。

滑坡灾害调查表见附表 7 至附表 10。

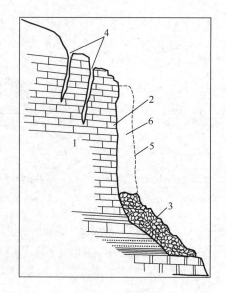

图 5-4　崩塌示意图

1—稳定山体；2—崩塌体；3—崩塌堆积体；4—拉裂缝；5—原坡形；6—原坡体

（二）崩塌

崩塌是指在一定的自然条件与地质条件下，组成斜坡的部分岩土体，在以重力为主的作用下，向下（多数悬空）崩落的块体运动，规模大的称山崩，有可能崩落的岩体称为危岩体。

崩塌示意图如图 5-4 所示，通过以下方法可初步识别崩塌灾害。

1. 识别方法

崩塌的识别方法如下：

（1）坡度大于 45°，且高差较大，或坡体形成孤立山嘴，或为凹形陡坡。

（2）坡体内部裂隙发育，尤其垂直和平行斜坡走向的陡倾裂缝发育或顺坡裂隙及软弱带发育，坡体上部已有拉张裂缝发育，并且有切割坡体的裂缝，裂缝可能将要贯通。

（3）坡体前部存在临空空间，或坡脚有崩塌堆积，这说明曾经发生过崩塌，今后可能再次发生崩塌。

2. 调查内容

崩塌需调查以下内容：

（1）受影响范围内管道的准确位置、埋设深度、敷设形式、管沟土体性质和管道已有防护措施。

（2）崩塌体与管道的相对空间位置、管道附属设施位置。

（3）崩塌与管道之间坡体的地形地貌、岩土体性质、植被、障碍物等信息。

崩塌灾害调查表见附表 11。

（三）泥石流

泥石流是指在一定的自然条件与地质条件下，沟谷中或斜坡上，饱含大量泥土和大小石块等的固、液两相流体，呈黏性层流或稀性紊流状流动。泥石流形成、爆发的主要条件是：有利的地形，丰富的土石固体物质，大量且集中的水源。

泥石流分为坡面型泥石流和沟谷型泥石流两类，如图 5-5（a）、图 5-5（b）所示。

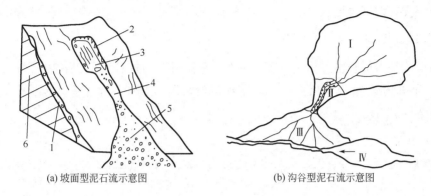

(a) 坡面型泥石流示意图　　　　(b) 沟谷型泥石流示意图

图 5-5　泥石流示意图

1—残坡积层；2—崩塌后壁；3—崩塌及泥石流形成区；4—泥石流流通区；5—泥石流堆积区；6—基岩；

Ⅰ—泥石流形成区；Ⅱ—泥石流流通区；Ⅲ—泥石流堆积区；Ⅳ—泥石流堵塞大河形成的湖泊

1．识别方法

泥石流的识别方法如下。

1）坡面型泥石流

坡面型泥石流沟谷浅、坡度陡、流程短；沟谷与山坡一致，无明显的流通区和形成区；面蚀和沟底冲刷严重，堆积扇呈锥形；规模较小，为小型或微型泥石流。

坡面型泥石流通常发育在坡度陡峻（20°～40°）、坡面较长且较为平整、坡积层较薄（厚度小于 3m）、下伏基岩透水性较差的斜坡上。

泥石流形成区发育在斜坡的中、上部有一定汇水条件的凹型坡面。坡面型泥石流流域面积一般不大于 $0.4km^2$，堆积物多为一次性搬运，泥沙输移量为数十立方米至数千立方米。人类对山地环境的破坏常加剧坡面型泥石流的活动。

2）沟谷型泥石流

沟谷型泥石流沟谷明显，流域呈长条形、瓢形或树枝形，沟域内有明显的清水动力区、松散物源形成区，流通区和沟口堆积区。

泥石流形成区一般位于流域的上游区段，多为高山环抱的山间盆地（低地），呈漏斗状，形成泥石流的固体物质和水源主要由此区段供给。这里滑坡、崩塌、岩锥等不良地质现象发育，水土流失严重，山坡极不稳定。

泥石流流通区一般位于泥石流沟的中游地段，多为峡谷地形，谷坡急陡，沟床纵比降大，多陡坎或跌水。

泥石流堆积区：是泥石流固体物质停积地段，位于泥石流沟的下游，多呈扇形或锥形，大小石块混杂堆积，地面垄岗起伏，坎坷不平。

2．调查内容

泥石流需调查以下内容：

（1）受影响范围内管道准确位置、埋设深度、敷设形式、岩土性质和管道已有防护措施。

（2）泥石流活动范围与管道的相对空间位置，管道附属设施位置。

泥石流灾害调查表见附表12。

（四）地面塌陷

地面塌陷是指地表岩土体在自然或人为因素作用下，向下陷落，并在地面形成塌陷坑（洞）的一种地质现象，包括采空区塌陷和岩溶塌陷，其中以采空区塌陷为主，采空区塌陷如图5-6所示。

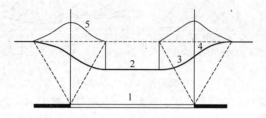

图5-6 采空区塌陷示意图

1—采空区；2—中间区；3—内边缘区；4—外边缘区；5—向内水平位移曲线

1．识别方法

地面塌陷的识别方法如下：

（1）塌陷中心区地表均匀沉降，边缘区不均匀变形，存在地裂缝。

（2）采空区塌陷后形成地表移动盆地，根据地表变化特征和变形值的大小，自移动盆地向盆地边缘可分为3个区：中间区、内边缘区和外边缘区。

中间区位于采空区正上方，地表下沉均匀，地表下沉值最大；地面平坦，一般不出现裂缝。

内边缘区位于采空区外侧上方，地表下沉不均匀，地面向盆地中心倾斜，呈凹形；产生压缩变形，地面一般不出现明显裂缝。

外边缘区位于采空区外侧矿层上方，地表下沉不均匀，地面向盆地中心倾斜，呈凸形，产生拉伸变形，当拉伸变形超过一定数值后，地表产生张裂缝。

2．调查内容

地面塌陷需调查以下内容：

（1）管道准确位置、埋设深度、敷设形式、岩土性质。

（2）地面沉陷范围与管道的相对空间位置，管道附属设施位置。

采空区塌陷灾害调查表见附表13。

（五）水毁灾害

水毁灾害主要是指由水动力引起的地质灾害，表现为溪流和洪水冲击、地表冲刷、坡面滑垮塌、冲沟、河床下切、河流改道等，主要可划分为坡面水毁、河沟道水毁、台田地水毁三类。

1．识别方法

水毁灾害的识别方法如下。

1）坡面水毁灾害

（1）坡面水毁是由坡面水力侵蚀引起的。坡面水力侵蚀强弱主要取决于降雨、坡度、土壤（含水量、粒径大小、黏粒含量、内摩擦角等）、植被以及坡长和人工活动等因素，其中，降雨、坡度和人工活动影响最大。此外，坡面水毁灾害的风险还取决于管道的敷设情况，如埋深、敷设方式、施工方式、施工扰动以及回填等因素。

（2）坡面水毁主要位于管道横向或顺向穿越的一些山前洪冲积扇、黄土塬、土石山区以及丘陵地区，水毁方式主要为横切管道、顺蚀管道和溯源侵蚀等。

（3）坡面水毁对管道的危害主要表现为：①坡面汇水冲刷管堤、管沟，管道盖层变薄，保护层减少；②受雨水及股状水流冲刷，管堤、管沟被冲毁，管线外露；③黄土地局部汇水，管堤、管沟发生潜蚀，局部塌陷，使得管道外露或悬空。

2）河沟道水毁灾害

（1）河沟道水毁主要分布在常年性或季节性河道的河床及河沟道两岸。

（2）当河床纵坡坡度较大时，洪水依靠化学动力（溶解力）和机械动力，以及所携带的泥砂砾石，破坏河床、河岸，导致河床局部冲刷、河道下切、岸堤垮塌、河岸侵蚀及河流改道，从而使管道暴露，并造成管道悬空或受冲击。

（3）河沟道水毁受降雨、河沟流域地貌、河床坡降、管道敷设形式等因素的影响。

3）台田地水毁灾害

台田地水毁多发生于管道穿越的部分河流阶地和台阶式田地或平原地区，多是降雨或农田灌溉引起的水毁灾害，管道敷设往往造成台田地沿管沟不均匀沉降、塌陷，形成陷坑、落水洞，坡式梯田易出现田坎坍塌。

2．调查内容

水毁灾害需调查以下内容。

1）坡面水毁灾害

（1）坡面水毁灾害活动迹象及活动特征、灾害发生历史及灾害后果等信息。

（2）管道与坡面水毁灾害的位置关系、管道敷设方式、埋深、附加保护层等因素。

（3）水工保护工程现状。

坡面水毁灾害调查表见附表14。

2）河沟道水毁灾害

（1）河流洪水信息、灾害发生历史及灾害后果等信息。

（2）管道准确位置，管道与河道的位置关系、管道敷设方式、埋深、附加保护层等因素。

（3）水工保护工程现状。

河沟道水毁灾害调查表见附表15。

3）台田地水毁灾害

（1）台田地水毁灾害活动迹象及活动特征、灾害发生历史及灾害后果等信息。

（2）管道在台田地的敷设位置、管道敷设方式、埋深及附加保护层等因素。

（3）水工保护工程现状。

台田地水毁灾害调查表见附表16。

（六）黄土湿陷

黄土湿陷是指黄土在一定压力下受水侵蚀，土体结构迅速破坏，并发生显著附加下沉的现象。

1．识别方法

黄土湿陷的识别方法如下：

（1）管道穿越黄土沟壑区段，以填方形式通过时，易出现沉降变形；新回填管沟，易于出现原装土与回填土的差异沉降，从而出现拉张裂缝。

（2）黄土潜蚀、陷穴是流水沿着黄土中节理裂隙进行潜蚀而形成的，陷穴多分布在地表水容易汇集的沟间地边缘地带和谷坡的上部，冲沟的沟头附近尤为最发育。陷穴可分为漏斗状陷穴、竖井状陷穴和串珠状陷穴。

2．调查内容

黄土湿陷需调查：黄土类型、管道准确位置、埋设深度、敷设形式及管道防护措施。

黄土湿陷灾害调查表见附表17。

四、地质灾害评价

管道地质灾害风险评价是在地质灾害危险性评估的基础上进行的。按照 SY/T 6828—2011《油气管道地质灾害风险管理技术规范》，管道地质灾害风险评价可分为区域管道地质灾害易发性评价和单体管道地质灾害风险评价。

（一）区域管道地质灾害易发性评价

依据地质环境条件和地质灾害的发育密度，区域管道地质灾害易发区可划分为4个等级：高易发区、中易发区、低易发区和非易发区，必要时可进一步划分为亚区和段。评价时需考虑以下因素：地质灾害形成的地质环境条件和主要诱发因素（地形地貌、地层岩性、地质构造、气象水文、地质作用和人类工程活动等）、灾害点的类型、发育密度以及威胁程度（统计管道沿线地质灾害发育密度，以"处/km"表示；调查曾经发生的地质灾害险情、管道损伤事件、考察目前管道受地质灾害威胁的程度）。

区域管道地质灾害易发性评价可采用因子叠加法。因子叠加法原理：将每一影响因子按其在地质灾害中作用的大小纳入一定的等级，每一因子内部又划分若干级，再把这些因子赋予一定的权重，最后根据不同因子的叠加计算出地质灾害危险度，进而对灾害易发性分级，分级主要依据因子的选取和经验来划分，可以按照平均分割危险度值的方法来分级。

（二）单体管道地质灾害风险评价

单体地质灾害风险评价可采用定性评价法、半定量评价法和定量评价法，前两种方法适用于地质灾害防治规划阶段，前两种方法应将单体地质灾害风险分为高、较高、中、较低、低五级，分级原则可参照表5-6；后一种方法适用于近期治理规划的规模较大的滑坡、崩塌灾害点。

表 5-6　地质灾害风险分级原则

风险等级	风险描述
高	该等级风险为不可接受风险
较高	该等级风险为不希望有的风险
中	该等级风险为有条件接受风险
较低	该等级风险为可接受风险
低	该等级风险处于可忽略程度

1. 单体管道地质灾害风险定性评价

单体管道地质灾害风险定性评价内容应包括地质灾害易发性、管道易损性和后果的评价、分级，根据地质灾害易发性、管道易损性和后果分级综合确定灾害风险分级。

2. 单体管道地质灾害风险半定量评价

单体管道地质灾害半定量风险评价内容应包括风险概率评价和失效后果评价，其关系如式（5-3）所示。

$$R = P(R)E \tag{5-3}$$

式中　R——管道地质灾害风险指数；

　　　$P(R)$——风险概率指数；

　　　E——后果指数。

风险概率指数可按式（5-4）计算。

$$P(R) = H(1 - H')SV(1 - V') \tag{5-4}$$

式中　H——自然条件下灾害发生的概率，取值范围为 0~1；

　　　H'——已采取的灾害体防治措施能完全阻止灾害发生的概率，取值范围为 0~1；

　　　S——灾害发生影响到管道的概率，取值范围为 0~1；

　　　V——没有任何防护措施的管道受到灾害作用后发生破坏的概率，取值范围为 0~1；

　　　V'——管道防护措施能完全防止管道破坏的概率，取值范围为 0~1。

各参数可采用指标评分法确定。失效后果损失指数的确定宜考虑泄漏介质产品的危害性、泄漏量、扩散性和环境情况。

3. 单体管道地质灾害风险定量评价

单体管道地质灾害风险定量评价宜进行灾害性概率评价和灾害作用下管道易损性评价。定量评价应基于详细的工程地质勘查资料和管理物理力学参数。滑坡、崩塌灾害发生概率评价可采用 Monte-Carlo 方法，灾害作用下管道易损性评价宜采用解析分析法、数值模拟法等。

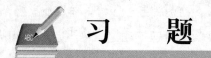 习　题

1. 简述天然气管道影响半径计算公式。
2. 简述地区级别的划分方法。
3. 简述高后果区识别评分标准。
4. 简述风险评价的步骤。
5. 简述地质灾害的类型及识别方法。
6. 简述地质灾害风险分级。

第六章

管道巡检与维护

第一节 管道日常巡检和维护

管线线路部分的日常巡检与维护一般包括管线的巡检、管道防洪和越冬巡查和维修等，由于管线所在地区的气候和地形特点的差异，每年洪水季节和冬季到来之前，应有计划地进行防洪和越冬检查、修好机具并备足材料，不同的地区应根据情况采取不同的措施。

一、日常巡检

按照管道保护工作质量标准的总体要求，作业区应制定每条管道的保护工作方案，并作为附件纳入管道完整性管理方案，管道保护工应对所管辖管线按"七清"、"八无"的标准进行巡检、维护管理。其中，"七清"指：管线规格清楚；管线走向及穿跨越段清楚；管线埋深清楚；管线沿线地形、地物、地貌清楚；管线高后果区、高风险段及地质灾害敏感点清楚；管线腐蚀与防护状态清楚；管线风险、应急预案及防控措施清楚。"八无"是指：埋地管道无裸露、绝缘里程桩、标志桩无缺损；护堤、护坡、护岸、堡坝无垮塌；管线阴极保护无空白；管线防护带内无深根植物和违章行为；管道沿线无泄漏。

管道保护工在进行下列内容的日常巡检时，应做好相应的记录上报工作，发现危及管道安全的问题，应立即上报。

（1）电位测试桩（测试）、标志桩（警示牌）地理位置、个数，损坏及缺失情况。油气管道地面标识设置规范见附表18。

（2）护堤、护坡、护岸、堡坎垮塌情况，管道沿线护坡堡坎有无新开裂缝、损坏，管道是否有移位、浮动；堡坎是否着色鲜艳及遮挡。

（3）埋地管道沿线地形、地貌和植被变化情况，在无保护措施埋地管道上方是否有重型车辆行驶，管道有无露管。

（4）明管跨越结构的管体、支撑、支架有无损坏、锈蚀、变形及移位，管道防腐层、两端护堤堡坎是否完好。

（5）公路、铁路穿越段位置，套管或涵洞设施、排水沟，路面情况。

（6）在管道专用隧道中心线两侧各1000m地域范围内的垮塌、滑坡，以及周围是否存在采石、采矿、爆破情况。

（7）河流、沟渠穿越管段位置，水下覆盖层、两端护堤、护坡、堡坎及中心线两侧500m范围抛锚、拖锚、挖砂、挖泥、采石及水下爆破情况。

（8）在管道线路中心线两侧各5～50m和管道的计量站、集气站、输气站、配气站、清管站、阀室、阀井、放空设施和储气库等附属设施周边100m地域范围内，是否存在新建、改建、扩建铁路、公路、河渠，架设电力线路，埋设地下电缆、光缆，设置安全接地体、避雷接地体施工作业。

（9）管线两侧各50m线路带内，是否存在开山、爆破和修建大型建、构筑物工程的情况。

（10）管道线路中心线两侧各200m和管道的计量站、集气站、输气站、配气站、清管站、阀室、阀井、放空设施及储气库等附属设施周边500m地域范围内，是否存在爆破、地震法勘探或者工程挖掘、工程钻探、采矿作业。

（11）沿途地质灾害点有无变化或新增。

（12）高后果区应定期巡检，安全风险较大的管段和场所应重点监测。

（13）定期巡检沿线的阀室、阀井，检查是否有跑、冒、滴、漏、锈蚀现象，检查仪器仪表、灭火器、放空管拉绳是否完成。

（14）定期巡检阴极保护装置、阳极地床电缆线路等设备是否正常运行。

二、维修维护

管道维修维护，除按各单位相应的管道管理办法进行管道的巡线、高后果区识别等工作外，还应做好对管道维修维护的管理工作，除做好一般性维修维护工作外还应做好计划性的维修维护管理工作。

（一）一般性维修维护工作

一般性维修工作包括以下内容：

（1）管道标志桩出现倾斜或不清晰时，巡查发现这种情况要立即进行扶正、稳固；损毁时，应检修和刷新。

（2）护坡、堡坎着色受损、不清晰时应及时修复。

（3）露天管道和设备应涂漆。

（4）清除管道两侧5m防护带内深根植物和杂草。

（5）应在每年汛期过后立即检查穿跨越管段。

（6）埋地管道在外力或其他因素作用下造成防腐层损坏的，应及时进行修复，不能处理的应及时上报。

（7）沿线管道保护电位应每月测试2次，至少每月检测1次汇流点（即通电点）电位，记录汇流点电位、输出电压与电流；每年测试1次管线沿线自然电位。

（8）每月对阳极线路进行检查，每年对阳极线路金具、瓷瓶、电杆、线路连接头进行维护保养和整改。

（9）阳极地床接地电阻应每6个月测试1次，两次测试间隔最多不得超过9个月。

（10）牺牲阳极系统至少每半年检查 1 次阳极保护电位、输出电流，牺牲阳极保护系统至少每年维护 1 次。阳极开路电位、阳极接地电阻、阳极埋设点土壤电阻率，可根据具体情况加密测试，不得超过 1a。

（11）应对所辖地存在直流干扰的管段进行重点监护，对防干扰的排流系统进行定期维护。每月对排流设备进行 1 次检查和故障维修；每年对排流设备进行 1 次全面维护，维护工作包括检测各主要元件性能、更换失效元器件，两次全面维护之间的时间间隔应不超过 18 个月。

（12）对已采取防护措施的交流干扰管段：每月测试 1 次交流干扰电位、排流电流量（最大、最小、平均值）；每月检查 1 次排流设施的技术状况，并进行维护；每年进行 1 次效果分析，并进行排流保护设施的调整。

（13）定期对绝缘法兰（接头）的绝缘性进行测试。

（14）干线球阀每月活动一次，操作时应一人操作一人监护。

（15）阀室其他阀门每半年至少维护保养一次，保持阀门操作的灵活性（因生产条件无法进行阀门活动的，应利用管线停气的机会进行开关测试）。

（16）清管作业后清洗与润滑清管球阀，入冬前对阀腔进行排污作用。

（17）每年对处于高后果区、高风险段或地质灾害敏感点的管段进行一次防腐层破损、管道埋深检测，每两年对负责管线的走向、埋深进行 1 次检测。

（18）当管线风险等级发生变化后，新增的高后果区、高风险管段作业区应增加相应的警示标志和监控措施，变化后的管道风险等级按照相应风险等级巡线周期开展巡管工作。

（19）洪水后进行季节性维修工作。

（二）根据实际需要计划性维修工作

根据实际需要需进行以下计划性维修工作：

（1）管线露管、浮管。

（2）跨越管段钢索出现防腐层损伤时，应及时进行防腐处理，一般情况下，5～8a 进行一次防腐层修复处理。

（3）跨越钢结构防腐涂层的局部锈蚀大于 5% 或涂层露底漆、龟裂、剥落或吐锈面积超过 50% 时，应清理并重新涂漆。出现跨越管道防腐层破坏、跨越支架腐蚀等情况时，及时对腐蚀部位进行防腐处理，防腐涂层应完整、均匀、黏结牢固，不得出现漏涂、透底、起皮和返锈等问题。

（4）更换切断阀等干线阀门、支线控制阀和失效绝缘接头（法兰）。

（5）检查和维修水下穿越。

（6）修筑和加固穿跨越两岸的护坡、堡坎、开挖排水沟等土建工程。

（7）检查及维修阴极保护站的阳极、牺牲阳极、排流线等电化学保护装置。

（8）管道防腐层的专业检测、内检测应按完整性管理滚动规划执行。

（9）修复防腐层大修及智能检测缺陷。

三、管道巡检信息系统的应用

管道巡检信息系统主要是为有效落实管道巡检计划，保证管道巡检质量和效率，及时反馈管道异常情况并做出决策而开发的系统。

管道巡检信息系统是以管道测绘成果、地理信息地图数据为基础，结合作业区巡检管理模式及业务管理需求，开发的管道巡检管理系统，该系统包括服务器端巡检控制系统及以移动终端（内置 GPS 模块的智能手机）为平台的巡检应用系统。

服务器端巡检控制系统的主要功能包括用户及权限管理、移动设备注册受理、电子地图基本操作、巡检工作管理、巡检工作查询、巡检路径回放、巡检事件管理、查询统计分析、数据恢复及数据备份等。

移动终端的应用巡检系统的主要功能模块包括电子地图操作、巡检工作获取、巡检工作引导、巡检专题数据库管理（记录、添加、删除、修改）、巡检专题数据（压缩、交互、解压）、紧急事件报警与管理、音（视）频接口开发、数据传输与管理以及巡线人员安全管理等功能。

根据本节巡检的内容，管理部门制定相应的巡检内容，巡线人员登陆巡检器，系统识别后将自动分发下载该机器对应的管道巡检计划，巡线人员选择相应的计划，进行巡检工作。巡检过程中，巡检器会定时将巡线人员的坐标信息发送至服务器，服务器端可即时看到巡线人员巡线轨迹。巡线人员发现管道异常情况后，选择相应类别的信息表填报，并拍照、录像、录音后，将该信息发送至服务器。巡线人员对整个管段巡检完后，关闭巡检计划。管理人员可随时查阅管道异常信息，定时、定期输出报表，汇报给管理层，经过实地调查后，确认维修维护措施。

第二节　管道水工保护

随着管道建设工程的增加，管道经过的地域及其地质条件也越来越复杂，如山地、平原、戈壁、黄土、水网、风沙等不良工程地质地区。而水工保护是管道建设中的一个重要环节，由于对其认识和重视程度不够，每年汛期管道会出现不同程度的水害问题，为了确保管道安全正常运行，了解掌握水工保护工程、采取相应的防护措施对管道保护也至关重要。根据作用的不同，管道水工保护主要分为坡面防护和河沟、沟道冲刷防护。

一、管道遭受水害的各种现象及原因

管道通常会在河流、冲沟、黄土地、河谷、陡坡、沙漠和矿区等地段遭受水害影响。

（一）河流

根据水量情况将河流分为常年有水河流和季节性河流。常年有水河流，一般水势较猛、流速较大，人们普遍比较重视这种河流。在此处施工要求管道埋设较深，工艺更精确，水工保护的施工质量也要比较高，因此这些地方的管道水害较少。季节性河流，枯水期河床

干涸暴露，汛期洪水流量大、流速快，对敷设管道有着直接和潜在的危害，而人们往往容易忽视这类河流。

（二）冲沟

黄土地区的季节性中、小型河流区域汇水面积相对较小，但坡降较大，时常干涸，洪水暴发时，水流急冲刷力较强，常导致沟头上溯，沟底下切，岸坡塌陷。冲沟的长度、深度及宽度随着时间不断发生变化，很难掌握其变化规律，这给敷设在此的管道带来了巨大的潜在的压力和危害。因此必须加强此类地段的巡视，在汛期前后要采取合理措施，以保证管道的安全运行。

（三）黄土地貌

黄土地貌主要集中在我国西北地区，是一种常见的灾害性地质区域，其土质内含一定盐分，在干燥气候下，土质呈盐土结晶状，质地坚硬，但受雨水冲刷后，土体内盐分分解，基本框架结构遭到破坏，土壤的黏结力、剪切力消减，土质变得极其松散，很容易产生流失和塌陷现象。因而黄土地段总是沟壑纵横交错，支离破碎，而且地下还蕴含着大量空洞穴。因此在此地区敷设管道时，水害现象尤为严重，水土流失、塌陷、裸管现象时常发生。

（四）河谷

一般情况下，管道顺河谷滩地敷设，应尽量避开河流主流冲刷地段，这样汛期洪水漫沿到滩地时，对管线的冲刷作用就减小了许多。但河床摆动地段的冲击程度还是比较明显的，所以在这些地段要采取一定数量的缓冲墩来抵御水害的产生。

（五）陡坡和陡坎

在陡坡和陡坎地段，由于开挖管沟破坏了原始的生态土壤，管沟的回填土质松散，在汛期坡面汇水的冲击下很容易流失形成顺沟冲刷，造成管道裸露，甚至出现浮管等现象，最终在拉扭应力作用下产生管线断裂，这是一种最危险的水害现象。

（六）沙漠

沙漠地区植被稀少，固定管道比较困难，若管道的敷设深度不够，在汛期和风季易将原来的回填沙土冲刷到其他地段而导致管道严重裸露。

（七）矿场

管道敷设力求顺直，有时就不得不经过采矿区。若一些缺乏安全意识的人在管线周围乱挖乱采，将其四周矿物质采空，便会使管线两侧产生塌陷、滑坡，或直接伤及管线，使管线完全裸露悬空。因此定期巡察矿场地段的管道安全情况，同时还要做好矿区的安全宣传教育工作，以避免更大事故的发生。

（八）灌区

管线经过灌区时，难免穿越沟渠设施和农田。而当地农民在开挖沟渠时，经常会伤及管线，使得防腐层破坏，导致管道外部腐蚀加剧，这就要求增加管线埋设深度，以避免破坏。

二、管道水工防护措施

（一）坡面防护

坡面防护主要应用于管道经过地形起伏比较大的边坡时，能够保护管道不会因冲刷而裸露甚至悬空。因为若施工过程中对边坡的处理不当，降雨时，沟内回填土极易造成坡面在径流的冲刷下发生流失。

管道穿越坡面通常有顺坡和横坡敷设，采取的措施通常有生态防护及工程防护。

1. 生态防护

生态防护即植被防护，主要包括植草、植树、植生带及浆砌石拱形骨架等。

1）植草

植草适用于边坡稳定、坡面冲刷轻微、宜于草类生长且坡比不大于 1：1.25 的土质边坡。草种应适合当地的气候和土质条件，通常选用易成活、生长快、根系发达适合当地生长的多年生草种。

2）植树

植树防护宜用于坡比不大于 1：1.5 的土质边坡，树种应选用在当地土壤和气候条件下能迅速生长且根系发达的树种。

3）植生带

植生带是采用专用机械设备，依据特定的生产工艺，把草种、肥料、保水剂等按一定的密度定植在可自然降解的无纺布或其他材料上，并经过机器的滚压和针刺的复合定位工序而形成的一定规模的产品。

植生带宜用于坡比不大于 1：1.25 的稳定土质边坡，需沿水流方向进行铺设，并用楔形短木桩进行固定，植生带铺设完成后表面再铺 1～2cm 细粒土，可以起到水土保持以及边坡绿化的作用。

4）浆砌石拱形骨架

浆砌石拱形骨架植被是将浆砌石拱形骨架与植草、铺草皮等方法结合在一起的一种保护技术。

浆砌石拱形骨架护坡适用于一般土质、膨胀土边坡加固，不适用于细砂边坡加固，边坡坡度应不大于 1：0.75，单级护坡高度不宜大于 12m，分极设置平台时，平台宽度不宜小于 2m，骨架埋深不宜小于 0.4m。

2. 工程防护

1）抹面

抹面适用于易风化的岩石，边坡必须稳定，抹面厚度宜为 3～7m，一般按全厚度的 2/3、1/3 分两次进行。

2）捶面

捶面适用于易受雨水冲刷的土质边坡和易风化的岩石边坡防护。捶面多合土（由石灰、黏土、砂石或炉渣、碎砖组成）的配合比应经试捶确定，应保证其能稳固地密贴于坡面。

捶面应经拍（捶）打使之与坡面紧贴，厚度均匀，表面光滑。

捶面厚度为 10～15cm，一般采用等截面，当边坡较高时，采用上薄下厚截面，捶面的顶部必须封闭，并在顶部做小型截水沟或将捶面嵌入边坡内。施工以春秋季为宜。

3）挡土墙

对管道附近不稳定土体应采用挡土墙进行保护，挡土墙有浆砌石挡土墙和灰土挡土墙等形式，浆砌石挡土墙宜建在基础较坚硬的地层上，在易塌陷段或因采挖而形成的滑坡地段上，采用的结构形式根据所处位置和地理条件而定，一般在长度 15～20m 处设沉降或膨胀缝，间隔 2m 处设一个排水孔，挡土墙内侧间填土要分层夯实。灰土挡土墙适用于黄土、软土，且水位较低滑坡较缓处。

4）混凝土预制块护坡

混凝土预制块可在工厂预制，也可在现场临时预制场内集中预制，混凝土预制在缺乏石料的地区有一定的优越性，但造价相对较高。

混凝土预制块护坡适用于易风化的软质岩石、破碎不严重的岩石边坡和边坡稳定的土质边坡。采用混凝土预制块护坡应在边坡上夯实后施工，同时为了排泄护坡背面积水，坡面上应设置排水孔，预制块砌筑时应自下而上错缝砌筑，预制块和坡面要紧贴，周边预制块应嵌入坡面内并和相邻坡面平齐。

5）喷浆护面

管道行业中常见的喷浆护面类型为素喷，锚杆挂网喷浆由于对边坡的扰动比较大，需要搭设脚手架，且工期长，一般不轻易采用。

常用的素喷护面的喷浆材料为水泥砂浆或混凝土，行业标准中规定的水泥砂浆和混凝土的最小厚度分别为 50mm 和 80mm。

6）截水墙

截水墙是长输管道坡面防护中应用最普遍的水工保护结构形式，管线经过陡坡、陡坎时，为防止雨水冲刷管沟，在沟内每隔一定距离做一道截水墙，截水墙应嵌入管沟沟壁。根据材料的不同，截水墙可分为砌石截水墙、灰土截水墙，土工袋截水墙以及木板截水墙，截水墙的间距长度一般随管线纵坡坡度的增大而减小，对于坡度大于 25°的边坡，截水墙间距为 10m。

（二）河沟、沟道冲刷防护

水流冲刷是影响沿河地段管道稳定的主要因素，因此常采取护岸、护底、护脚、稳管、加固等防护措施进行防护。

1. 护岸

护岸是指对河岸坡面进行直接加固以抵抗水流冲刷。常用的护岸形式有浆砌石护岸、石笼护岸、干砌石护岸、草袋护岸植物及抛石护岸。

因管道通过的水域沟道多且复杂，小型水域沟道又不具备水文资料，因此护岸工程大多采用防流速相对较高的浆砌石结构，一般坡比不大于 1∶1 的岸坡采用浆砌石坡式护岸，容许流速宜为 4～8m/s；大于 1∶1 岸坡采用挡墙式护岸，容许流速宜为 5～8m/s。

易受水流冲刷且防护工程基础不易开挖的河岸，可采用石笼岸坡防护，石笼护岸对地质、水文要求较低，可以带水作业，因镀锌铁丝编制的石笼使用年限可达 8～12a，因此常采取 3～4mm 直径的镀锌和 8～14mm 的钢筋做石笼骨架。

干砌石坡式护岸宜用于容许流速为 2～3m/s 的周期性浸水河滩、水库的岸坡防护。

草袋植物护岸宜用于容许流速小于 1.2～1.8m/s 的季节性水流冲刷且适宜植被生长的河沟的岸坡防护。根据岸坡坡比，选择草袋挡墙式或坡式护岸，植入的草籽应适宜当地生长。

抛石护岸宜用于容许流速不大于 3m/s 的长期浸水且水深较大的边坡或坡脚防护，常用于抢修工作。石料粒径不宜小于 30cm，护岸厚度不应小于所用石料径的 2 倍。

2. 护底

护底是通过在管道位置或管道下游河、沟床布置构筑物，以防止管道覆土流失和河床、沟床冲刷下切而采取的措施。护底主要包括过水面护底和地下防冲墙护底两种。

过水面护底可用于基本稳定的河、沟道内穿越段管道覆土流失的防护，过水面护底结构材料包括石笼、干砌石和浆砌石过水面，护底底部距管顶的距离不应小于 0.3m，且顶部不宜高于原河（沟）床面。过水面应覆盖管道穿越段且嵌入两侧河沟岸，宽度不宜小于管沟上口宽度。

地下防冲墙护底宜用于土质河、沟床的冲刷下切情况下的防护，其结构形式包括浆砌石、石笼、混凝土地下防冲墙等。防冲墙宜设置于管道穿越段下游 5～10m 范围内，走向应与水流方向、两岸垂直，顶面不高于原河（沟）床面，且墙顶厚度不小于 0.4m，两端至少应各嵌入原始岸坡 0.5m。具有整体式结构的地下防冲墙，应每隔 10～15m 设一道伸缩缝。

冲刷剧烈的河、沟道防护，可采用防冲墙与过水面的组合进行防护，对河（沟）床比降较大的河（沟）道，可采用多级防冲墙的组合方案进行防护。

3. 护脚

护脚是为防止护岸结构局部冲刷下切而采取的防护措施。常用的护脚方式有抛石护脚、石笼护脚、柴枕护脚及柴排护脚。

4. 稳管

稳管是为防止管道在水的冲击与浮力作用下出现漂移或断裂而采取的防护措施。管道在穿越江河湖泊及大型农田灌区时，一般都要采取稳管措施。稳管的主要形式有混凝土连续浇灌稳管、混凝土配重块稳管及袋装土稳管等。

混凝土连续浇灌稳管宜用于管线穿越段的河（沟）床地质为抗冲刷的稳定基岩，且管顶埋入基岩深度不小于 0.5m 的管道本体抗漂浮防护。

混凝土配重块稳管宜用于水域穿越段管道的抗漂浮防护，强度等级不宜低于 C20，管道埋深应置于水域设防冲刷线以下。

袋装土稳管可用于砂类、粉土、黏性土等细颗粒土质的水域穿越段管道的抗漂浮防护，所用袋体材料应具有一定强度，填充材料宜为砂或砂性土地。

5. 加固

在冲刷剧烈的河段中，稳管设施若没有固定，则极有可能被水冲击移动，不但不能对管线起到稳定作用，还会给管线带来一个更大的外加载荷，增大管道的扭应力，因此通常需采取一定的加固措施。

1）打桩加固

目前，管道敷设的土质构造各不相同。不稳定灌区，水土易出现沉降、稀化现象，应尽量采用沉管措施。但在深谷穿越段和石方段，不具备此类条件，就需要采取打桩加固法或掘岩深埋法，以保证管道的合理埋深以及敷设稳定性。打桩固定最终是将管线固定于混凝土预制桩上，这种结构的整体抗冲击能力强，稳定性能好，但管线外防腐层易受冲击损坏，因此最好再配置外防护套管加以保护。

2）锚筋加固

当管线敷设在有基岩层的山区河道时，由于管沟开挖破坏了基岩原有的整体性，管沟的回填土即使采用混凝土护面保护，在高速冲击的水流作用下也会被冲走，导致管线裸露、浮移。在这种情况下，应采用钢筋混凝土护面加锚筋加固的方法将管道紧紧地嵌固在基岩中。此外，混凝土护面应与河床面保持齐平，使河水平缓流过而不产生拦水面，以防在不平处产生气蚀现象。

第三节　管道防腐层修复

管道防腐层是埋地管道防腐的重要措施之一，其作用是隔离开管道表面与周围介质，切断腐蚀电池的电路，从而避免管道发生腐蚀，防腐层的质量好坏将直接影响阴极保护系统输出电流的大小、阴极保护距离的长短。

一、常用防腐层修复材料

绝缘层修复材料有石油沥青、煤焦油磁漆、无溶剂液态环氧/聚氨酯、冷缠胶带、压敏胶热收缩带、黏弹体+外防护带，日常修复中常用于补口、补伤的修复材料主要是聚乙烯防腐冷缠胶带、聚丙烯防腐冷缠胶带、热收缩带1套和黏弹体防腐胶带等。

（一）聚乙烯防腐冷缠胶带

聚乙烯防腐冷缠胶带（图6-1）是指以聚乙烯为胶带的基材，一面复合有胶黏剂的胶黏带制品，也称聚乙烯胶黏带、复合型聚乙烯胶带、涂布型聚乙烯胶带，又由于该产品主要用于管道外防腐，所以又称为聚乙烯防腐胶带、聚乙烯防腐胶黏带、防腐胶带，同时因其在防腐作业时可以冷缠施工，所以俗称为聚乙烯冷缠胶带、聚乙烯冷缠胶黏带、管道防腐冷缠胶带、管道冷缠胶带、冷缠胶带和冷缠带。聚乙烯胶带具有冷缠胶带的特性，施工方便，无环境污染，防腐性能优异，使用寿命长，综合成本低，已广泛应用于石油天然气、石油化工、城市燃气、电力供水、冶金造船等管道工程的钢质管道外防腐作业。

图 6-1　聚乙烯防腐冷缠胶带　　　　　图 6-2　聚丙烯防腐冷缠胶带

常用国产聚乙烯防腐冷缠胶带产品系列规格（内带、外带、补口带、底漆）见表 6-1。

表 6-1　聚乙烯防腐冷缠胶带产品系列规格

系列	规格
防腐带（内带）	T140：厚度为 0.40mm，宽度为 50mm、75mm、100mm、150mm、230mm
	T150：厚度为 0.50mm，宽度为 50mm、75mm、100mm、150mm、230mm
	T180：厚度为 0.80mm，宽度为 50mm、75mm、100mm、150mm、230mm
保护带（外带）	T240：厚度为 0.40mm，宽度为 50mm、75mm、100mm、150mm、230mm
	T255：厚度为 0.55mm，宽度为 50mm、75mm、100mm、150mm、230mm
	T280：厚度为 0.80mm，宽度为 50mm、75mm、100mm、150mm、230mm
补口带	T360：厚度为 0.60mm，宽度为 50mm、75mm、100mm、150mm
	T380：厚度为 0.80mm，宽度为 50mm、75mm、100mm、150mm

（二）聚丙烯防腐冷缠胶带

聚丙烯防腐胶带（图 6-2）是一种新型的无污染、无危害的环保型防腐产品，具有施工简便、抗冲击、耐老化、耐拉伸、耐紫外线辐射、黏结强度高等特性，是管道冷防腐施工胶带中的最佳选择，也是防腐最经济的选择。该产品基材为独特的改性聚丙烯编织纤维布，采用丁基橡胶改性沥青做防腐胶层，其常用规格见表 6-2。

表 6-2　聚丙烯防腐冷缠胶带规格

宽度，mm		50	75	100	150	250	300
厚度，mm	基　膜	0.30	0.30	0.70	0.55	0.40	0.50
	胶　层	0.85	0.90	1.10	0.95	1.00	1.05
	总厚度	1.15	1.20	1.40	1.50	1.60	1.65

（三）热收缩带

热收缩带（行业内称为活套）是一种新型的性能良好、操作简便的钢管焊缝防腐材料，由基材和热熔胶层双层材料组成。基材是聚乙烯原料经挤出、辐射交联、拉伸而形成的塑料片材。热熔胶是一种特种胶黏剂，在常温下呈固态，加热呈熔融态可以流动、能够涂布在基材上，对金属和塑料均有良好黏接力。热收缩带在加热安装时，基材在径向收缩的同时，内部复合胶层熔化，紧紧地包覆在补口处，与基材一起在管道外形成一个牢固的防腐体，具有优异的耐磨损、耐腐蚀、抗冲击及抗紫外线和光老化性能。除了主体外，热收缩带还配有胶条和固定片，如图 6-3（a）、图 6-3（b）所示。

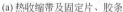

(a) 热收缩带及固定片、胶条　　　　　　　　　(b) 热收缩带及固定片

图 6-3　热收缩带及其配件

产品规格：热收缩带可用于 DN100～DN1000 的所有钢管，基材厚度为 1.0～2.0mm，胶层厚度为 0.8～2.0mm。

（四）热收缩套

钢管防腐热收缩套（行业内称为死套）是一种新型的性能良好、操作简便的钢管焊缝防腐材料，是由基材和热熔胶层双层材料组成，基材和热熔胶层性能与热收缩带相同。加热时，热收缩套基层收缩、胶层熔化，紧密地收缩包覆在补口处，与原管道防腐层形成一个牢固、连续的防腐体。热收缩套产品如图 6-4（a）、图 6-4（b）所示。

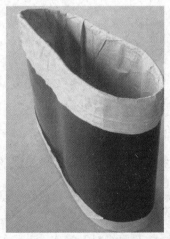

图 6-4　热收缩套

产品规格：热收缩套可用于 DN25～DN1000 的所有钢管，基材厚度为 1.0～2.0mm，胶层厚度为 0.8～2.0mm。

（五）黏弹体

黏弹体是一种永久不固化的黏弹体聚合物，具有独特的冷流特性，在防腐及修复的过程中可以达到自修复功能，主要分为黏弹体防腐带及黏弹体防腐膏两种。黏弹体无脱落、无开裂、无硬化、黏结力强，且无须涂刷底漆，施工简单方便，对表面处理要求不高。

黏弹体防腐带及黏弹体防腐膏产品如图 6-5 和图 6-6 所示。

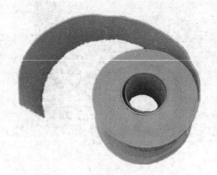

图 6-5　黏弹体防腐带　　　　　　　　　　图 6-6　黏弹体防腐膏

黏弹体防腐带产品规格见表 6-3。

表 6-3　黏弹体防腐带产品规格

胶带宽度，mm	50、100、200、300
胶带厚度，mm	＞1.8
胶带长度，mm	10～30

管道外防腐层修复一般应具备以下要求：

（1）经检测确认埋地管道外防腐层发生龟裂、剥离、残缺破损，有明显的腐蚀老化迹象时应进行防腐层修复。

（2）缺陷点分布零散时应进行局部修复，缺陷点集中且连续时应进行整个段管道的大修。

（3）防腐层大修应在金属管道缺陷修复（如智能检测缺陷修复）后进行。

（4）所选防腐材料应相互匹配。

（5）防腐材料在使用前和使用期间不应受污染或损坏，应分类存放，并在保质期内。

二、常用防腐层修复材料选择及结构

管道外防腐层修复用防腐材料选择至少应考虑以下因素：

（1）原防腐层材料失效原因。

（2）与管道原防腐层材料及等级的匹配性。

（3）适于野外施工，施工简便。

（4）与埋设环境及运行条件的适应性，对人员及环境无毒害。

（5）液体涂料在环境温度不低于 15℃ 的条件下，实干时间不宜超过 6h。

常用管道外防腐修复材料应根据原防腐层类型、修复规模及管道运行工况等条件进行选择，常防腐层材料见表 6-4，也可采用经过试验且满足技术要求的其他防腐材料。

表 6-4　常用管道防腐层修复材料及结构

原防腐层类型	局部修复			大修
	缺陷直径≤30mm	缺陷直径>30mm	补口修复	
石油沥青、煤焦油磁漆	石油沥青、煤焦油磁漆、冷缠胶带、黏弹体+外防护带	冷缠胶带、黏弹体+外防护带	冷缠胶带、黏弹体+外防护带	无溶剂液态环氧/聚氨酯、无溶剂液态环琉璃钢、冷缠胶带
溶结环氧粉末	无溶剂液态环氧	无溶剂液态环氧	无溶剂液态环氧/聚氨酯	
聚乙烯	热熔胶+补伤片、压敏胶+补伤片、黏弹体+外防护带	冷缠胶带、压敏胶热收缩带、黏弹体+外防护带	无溶剂液态环氧+外防护带、压敏胶热收缩带、黏弹体+外防护带	

注：（1）天然气管道常温段宜采用聚丙烯冷缠胶带。

　　（2）外防护带包括冷缠胶带、压敏胶热收缩带等。

三、防腐层局部修复

（一）管沟开挖

防腐层局部修复时，应以缺陷点位置为中心人工开挖管沟，同时应注意是否有同沟敷设的通信光缆，不能造成新的损伤。

（二）防腐层修复

1．无溶剂液态环氧+外防护带

1）钢管表面处理

钢管表面牢固附着的涂层应完好无损。表面的其他部分，在不放大的情况下观察时，应无可见的油、脂和污物，无疏松涂层、铁化皮、铁锈和外来杂质，应具有均匀的金属光泽。

再次涂覆前，原有涂层的遗留部分（包括表面处理后任何牢固附着的底漆和配套的底层涂层）应无疏松物和污染物，与打磨或喷射清理区域交界的原有完好涂层应修成斜面，形成完好和牢固的附着边缘。表面处理应达到 GB/T 8923.2—2008《涂覆涂料前钢材表面处理 表面清洁度的目视评定 第 2 部分：已涂覆过的钢材表面局部清除原有涂层后的处理等级》中规定的 Sa2.5 级。

2）环氧涂料施工

防腐施工按产品说明进行，可采用喷涂、刮涂、刷涂或滚涂涂装。修补区域、搭接区域应采用喷扫或打磨措施进行打毛处理，处理范围宽度宜为 40～80mm。

2. 热熔胶+聚乙烯补伤片

贴聚乙烯补伤片之前，应先对处理过的管体表面和周边防腐层进行预热，热熔胶涂敷厚度应与原防腐层厚度一致；聚乙烯补伤片四角应剪成圆角，并保证其边缘覆盖原防腐层不小于100mm。贴补时应边加热边用辊子滚压或戴热手套挤压，排出空气，直到补伤片四周均匀溢出。

3. 冷缠胶带

1）钢管表面处理

冷缠胶带防腐层施工宜采用人工机械或自动缠绕机械进行缠绕，胶带两端接头应做好防尘处理，局部防腐层修复时，宜采用无背材焊缝填充带填平缺陷，然后缠绕冷缠胶带。修复前的表面处理要求如下。

（1）手工除锈：使用钢丝刷、电动砂轮进行除锈。管道上应不含松散氧化皮、铁斑、隆起物、潮气、污物。其除锈质量应达到 GB/T 8923—2008《涂覆涂料前钢材表面处理 表面清洁度的目视评定 第 2 部分：已涂覆过的钢材表面局部清除原有涂层后的处理等级》中规定的 Sa2 级。

（2）除锈后，对钢管表面露出的缺陷应进行处理，除掉附着于钢管表面的灰尘，废料应清理干净，使钢管表面保持干燥整洁。

（3）防腐前应再次检查钢管是否干燥整洁，如出现返锈或表面污染情况时，必须按标准重新进行表面预处理。

（4）钢管表面预处理后至涂刷底漆前 6h 内，必须使钢管表面干燥无尘。

2）涂刷底漆

（1）底漆应在容器内搅拌均匀，使沉淀物（工业合成剂）完全均匀。

（2）底漆应以铁质容器盛装，并在使用完毕之后及时将剩余部分倒回原容器中，并加以密封。

（3）用干净的毛刷、碌子或其他一些机械方法涂刷。

（4）底漆应涂刷均匀，不得有漏漆、凝块和流挂、气泡等缺陷，弯角、焊接处要仔细涂刷。待底漆干透后（在常温及空气自然流动状况，一般需要 5min）即可缠带。

（5）一般情况下，手工施涂 $10m^2/L$，机械施涂 $15m^2/L$。

3）冷缠带缠绕施工

（1）施工时若温度低于-10～+5℃时，应先将钢管预热。

（2）使用适当的机械或手动工具进行冷施工，使冷缠带与涂刷完毕的钢管表面紧密连接。

（3）在缠绕冷缠带时，如焊缝两侧产生空隙，应采用底漆及冷缠带相容性好的填充带，填充焊缝两侧；也可用较窄的冷缠带先缠绕于焊缝上再施工。

（4）在涂好底漆的钢管上，按搭接要求缠绕冷缠带，冷缠带与原防腐层两端搭接宽度一般为 10～20mm，冷缠带的始端与末端搭接长度应大于 1/4 管周长，且不小于 100mm，接口应向下。

（5）缠绕冷缠带时，边缘应平行，不得扭曲、有皱折，端带应压贴，不得翘起。

（6）异型管件及三通处的缠绕应采用专用的三通及异型管件冷缠带。

4）补口冷缠带的宽度标准

补口冷缠带的宽度与管径有关，见表6-5。

表6-5 管径与补口胶带宽度配合表

公称管径，mm	补口冷缠带宽度，mm
20～40	50
50～100	100
150～200	150
250～950	200～300
1000～1500	300～350

4. 压敏热收缩带（套）

热收缩套带（套）的厚度与管径有关，具体见表6-6。

表6-6 热收缩套带的厚度

适用管径，mm	基材厚度，mm	胶层厚度，mm
≤400	≥1.2	≥0.8
>400	≥1.5	

1）钢管表面处理

热收缩缠绕带使用之前要对保护处进行处理，包括钢管处理和与原防腐层搭接部位的处理，钢管表面预处理质量应达到 GB/T 8923.2—2008《涂覆涂料前钢材表面处理 表面清洁度的目视评定 第 2 部分：已涂覆过的钢材表面局部清除原有涂层后的处理等级》中的St2.5级要求，钢管的表面采用喷砂或电动钢刷除锈，要求表面没有锈迹，焊口没有焊刺。与原防腐层搭接部位要打毛糙，而且不能有杂物，清理干净后涂上底漆。

2）管体预热

（1）在管体两侧用接有液化气源的烤火枪同时加热至管体表面干燥。

（2）用 3 号以上砂纸再次擦拭管体表面氧化层，并持续加热。

（3）用棉纱或毛巾沾少许清洗剂拭去管体表面松散的脂皮、残留物及氧化层，用红外线测温仪测量管体温度（加热并持续 9～12min），当温度稳定在 65℃左右时停止加热管体。

3）热收缩缠绕带

（1）在管体两侧将热收缩带从管体底部平行上提。

（2）将热收缩带内衬热熔胶层加热至熔化，然后迅速将热收缩带贴在管体上，并同时用手（戴耐热手套）挤压，使其紧贴管体，排出气泡。

（3）相邻两热收缩带轴向搭接应不小于 100mm，被搭接部分需用钢丝刷打磨，环向搭接宽度应不小于 80mm，并将固定片固定在搭接缝上，用轴辊反复滚压，使胶从两端和搭接四周均匀溢出，充分赶出气泡。

4）烘烤热收缩带

（1）从搭接端沿轴向加热，使其同步均匀收缩，外观平整无气泡，加热火苗辐射线应与管体水平呈 45°～60°。

（2）用轴辊反复滚压，充分赶出气泡，使热收缩带全部紧贴管体。

5）修复后质量检查

（1）外观检查：目测每个破损修复点，表面应平整，无气泡、麻面、皱纹及凸瘤等缺陷。外包保护层应压边均匀、无褶皱，粘接紧密。

（2）防腐涂层的连续完整性检查：检查应按 SY/T 0063—1999《管道防腐层检漏试验方法》中方法 B 的规定采用高压电火花检漏仪对每一个破损修复部位进行检查。具体方法如下。

当防腐层厚度小于 1mm 时：

$$V = 3294\sqrt{T_c} \tag{6-1}$$

当防腐层厚度不小于 1mm 时：

$$V = 7843\sqrt{T_c} \tag{6-2}$$

式中　V——检漏电压峰值，V；

　　　T_c——防腐层厚度，mm。

5．黏弹体+外防护带

黏弹体采用贴补或缠绕方式施工时，胶带搭接宽度应不小于 10mm，胶带始端与末端搭接长度应大于 1/4 管周长，且不小于 100mm，接口应向下，其与缺陷四周管体原防腐层的搭接宽度应大于 100mm。

（三）管沟回填及地貌恢复

（1）回填时，如管沟内有积水，应将水排除，并立即回填。如沟内积水无法完全排除，可用砂袋将管线压沉到沟底后回填。

（2）石方段管沟应先在管体周围回填细土，细土的最大粒径应不超过 3mm。细土应回填至管顶上方 300mm。然后回填原土石方，但石头的最大粒径不得超过 250mm。

（3）管道出土端及弯头两侧回填时应分层夯实，管沟回填土应高出地面 0.3～0.5m。

（4）管道下沟回填后，应及时砌筑护坡、排水沟等构筑物，并清理现场，恢复地貌。

（5）管沟回填过程中，应将三桩恢复到原位置，并检查测试桩的电缆引线是否接好，原附属构筑物是否原貌恢复。

第四节　管道本体缺陷补强修复

管道因受到腐蚀存在缺陷，经评价无法保证生产的安全，应进行补强修复。目前复合材料补强修复技术已广泛应用于石油天然气管道的维修中，与传统的修复方法不同，补强修复利用复合材料与原有缺陷管壁共同承担管道的圆周应力，具有安全、经济的优势。目前西南油气田分公司使用的主要是玻璃纤维复合材料修复和套筒修复，玻璃纤维材料修复使用的是 Clock Spring 和 APPW 两家公司的修复技术，套筒补强修复使用是安科和 APPW 两家公司的修复技术。

一、复合材料补强修复

管道纤维复合材料补强修复技术是20世纪90年代发展起来的一种结构修复补强技术，常见的补强材料有玻璃纤维复合材料和碳纤维复合材料。

玻璃纤维是一种性能优异的无机非金属材料，具有绝缘性好、耐热性强、抗腐蚀性好、机械强度高的特点，但同时也存在性脆、耐磨性较差的缺点。玻璃纤维是以玻璃球或废旧玻璃为原料经高温熔制、拉丝、络纱、织布等工艺制造而成的，其单丝的直径为几微米到二十几微米，相当于一根头发丝的 1/20～1/5，每束纤维原丝都由数百根甚至上千根单丝组成。玻璃纤维通常用作复合材料中的增强材料、电绝缘材料和绝热保温材料。

碳纤维是含碳量高于90%的无机高分子纤维，具有耐高温、耐摩擦、导电、导热及耐腐蚀、耐疲劳等特点，但其耐冲击性较差，在强酸作用下会发生氧化；与金属复合时会发生金属碳化、渗碳及电化学腐蚀现象。

与玻璃纤维复合材料相比，尽管碳纤维复合材料的强度要大许多，但因与钢质管道复合时可能产生电化学腐蚀，因此目前西南油气田分公司现场使用的是玻璃纤维复合材料，主要对位于直管、弯头及焊缝上的腐蚀缺陷、凹坑、沟槽等缺陷进行修复。

（一）Clock Spring 补强修复技术

Clock Spring 补强修复技术主要包括预成型套筒法和湿式缠绕法，西南油气田分公司主要使用的为预成型套筒法。

1．Clock Spring 预成型套筒法复合材料基本结构

典型的 Clock Spring 复合修复材料由 3 部分构成：（1）由复合材料制成的复合套筒（图 6-7）；（2）复合套筒层与层之间涂刷的黏胶；（3）一种高强度的填料。Clock Spring 复合材料结构如图 6-8 所示。

图 6-7　复合套筒

图 6-8　Clock Spring 复合材料结构

其中，填料填充于缺陷和管道表面不平整的部位，保证复合材料与管道紧密接触。现场施工完成后，在常温下，约需 2h 的时间黏胶和填料就可以完全固化，三部分构成一个完

整的复合修复层，保障管道缺陷部位安全运行。

2. 复合材料主要技术指标

复合材料主要技术指标见表 6-7。

表 6-7　复合材料主要技术指标

技术参数	技术指标
固化时间（24℃）	2h 固化回填
	24h 完全固化
操作温度范围，℃	-29～82
抗拉强度，MPa	516～688
弹性模量，MPa	$\geqslant 3.5 \times 10^4$
屈服应变，%	$\leqslant 1.5$
层间搭剪强度，MPa	$\geqslant 10$
胶抗剪切强度，MPa	$\geqslant 8.2$
体积电阻率（25℃），Ω·m	$\geqslant 7 \times 10^{10}$
抗阴极电流剥离	在 1.5V DC 下无剥离
压力波动疲劳寿命对比	无影响
保质期	黏胶/填料：1a（常温、阴凉、干燥）

3. 材料准备

1）修复层数计算

根据缺陷程度的不同，应用在相同管道直径上的型号有 2 层套件、4 层套件、8 层套件 3 种型号。而修复层数主要利用腐蚀缺陷评价软件进行计算。

2）黏胶用量计算

黏胶用量根据修复层数所用型号进行成套配置，在购置时已配置好，用户只需要根据缺陷确定所需型号即可，无须单独计算黏胶数量。

3）填料用量计算

填料用量也是根据修复层数所用型号成套配置的，用户只需要根据缺陷确定所需型号即可，无须单独计算填料数量，但如果缺陷凹坑、沟槽特别大，可每套加订 1 个标准包装的填料。

4. Clock Spring 直管段修复安装步骤

Clock Spring 直管段修复安装步骤如下：

（1）根据缺陷评价结果选择合适型号的材料。

（2）开挖并现场复测缺陷深度、长度等腐蚀信息。

① 对于外腐蚀缺陷，缺陷的轴向长度、宽度和时钟位置应采用测量精度不低于 1mm 的测量工具直接测量，缺陷的最大深度采用的测量精度不低于 0.1mm 的测量工具直接测量。

② 对于内腐蚀缺陷，采用超声测厚设备测量缺陷的深度、轴向长度和宽度；使用超声测厚仪测量时，必须在测量部位管道表面打测量网格，逐格测量，并严格按照测量结果填

写施工记录文件。

③ 测得的缺陷点的最大深度、轴向长度、宽度和时钟位置 4 个主要技术数据必须与检测单位提供的检测报告基本吻合（误差在检测报告提供的误差范围以内），这 4 个技术数据分别是：缺陷点的最大深度、轴向长度、宽度和时钟位置。

（3）涂层剥离、除锈，要求达到 SY/T 0407—2012《涂装前钢材表面处理规范》中 St3 级。

① 涂层剥离最少应清除掉超出缺陷两侧各 100mm 的管道表面所有松动或翘起的氧化皮、疏松的锈、疏松的旧涂层及其他污物。清理后管道表面应呈现金属光泽，且光滑、洁净。

② 除锈后表面处理如果选择使用喷砂除锈，除锈完成后不需要再进行任何表面处理；如果选择使用电动钢丝刷或其他工具除锈，除锈完成后，需要使用锉刀或其他工具对待修复管道表面进行处理，使待修复的管道表面具有一定的粗糙度。

③ 除锈完成后，缠绕复合修复材料之前，需要使用丙酮或其他符合要求的清洗剂对修复部位管道表面进行清洗，保证修复部位管道表面清洁干燥，无任何污物。

（4）混合填料，并将填料均匀填补在管道缺陷部位。

将混合好的填料填充到管道表面的每一个腐蚀缺陷、螺旋焊缝两侧以及起始垫的边缘，保证补强套与管道表面完全接触，无任何空隙。

（5）混合黏胶，将黏胶均匀地刷在管道表面。

（6）安装 Clock Spring 材料及识别带。

（7）涂层恢复和开挖坑回填。

5．Clock Spring 弯管段修复

因为 Clock Spring 材料为预成型材料，在修复弯管部位缺陷时，存在边缘效应，所以可以按照供应商提供的技术标准对 Clock Spring 材料进行剪切，对弯管进行修复。

Clock Spring 弯管段安装步骤与直管段修复相同，只是要按相应的技术要求剪切 Clock Spring 预成型材料后，分段进行修复，弯管修复如图 6-9 所示。

图 6-9　弯管修复示意图

由于边缘效应的存在，Clock Spring 补强套件也可用于管道弯曲部位的修复，但应用中存在以下限制条件：

（1）弯管曲率应大于 3D。

（2）Clock Spring 补强套件的宽度至少应各超出损伤部位两侧 51mm。

（3）弯曲部位的内弧线位置的两个套件之间的间隙不能超过 4.8mm。

（4）弯曲部位的外弧线位置的两个套件之间的间隙不能超过 12.5mm。

（5）每个 Clock Spring 套件的宽度不能小于 63.5mm。

6. Clock Spring 焊缝缺陷修复

焊缝缺陷修复的修复方法与直管段相同，但焊缝往往突出管壁，而 Clock Spring 补强套件需要紧贴着管道表面安装，因此必须在此处使用 Clock Spring 专利高强度填料填充焊缝与 Clock Spring 材料之间的空隙，主要采用搭桥来实现填充，焊缝缺陷修复如图 6-10 所示，但该方法仅限修复管壁损失小于 60%及缺陷部位长度小于 30%管道周长的缺陷。

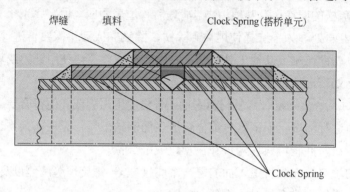

图 6-10   焊缝缺陷修复示意图

7. Clock Spring 适用范围

Clock Spring 适用于以下情况：

（1）环境温度在-29～82℃之间。

（2）金属损失程度不大于 80%的外腐蚀缺陷。

（3）在以下条件下，可以用于金属损失程度不大于 80%的内腐蚀缺陷修复。

① 经过技术部门评估，内腐蚀不继续发展。

② 可以采取有效措施抑制内腐蚀的发展。

（4）如果腐蚀缺陷位于环焊缝上，金属损失程度小于 60%且缺陷圆周长度小于 40%。

（5）曲率不小于 3D 的弯曲部位缺陷。

（6）缺陷程度不大于 40%的机械损伤（无裂纹）。

8. 修复数据管理

修复过程的数据应严格按照制定的统一管理办法填写相应文件，统一管理，纳入管道的完整性管理体系，管体缺陷修复数据表见附表 19。

（二）APPW 补强修复技术

APPW 玻璃纤维复合材料胶带也是目前世界上修复腐蚀管材最先进的复合材料之一，现场施工比较方便，但必须严格按照安装操作规程进行作业。

1. APPW 复合材料基本结构

APPW 复合材料由 3 部分构成：（1）复合材料制成的胶带（增强型三轴玻璃纤维缝编布）；（2）相等体积的 A、B 高强度填料充分拌匀的混合填料；（3）相等体积的 A、B 胶充分搅拌的混合胶（高强度黏合剂）。

2．复合材料主要技术指标

复合材料主要技术指标见表6-8。

表6-8 复合材料主要技术指标

技术参数	技术指标
固化时间（24℃）	1.5h固化（电加热）
	12h固化（25℃）
抗拉强度，MPa	>207
弹性模量，MPa	$<2.3×10^4$
屈服应变，%	>6
层间搭剪强度，MPa	>10.3
体积电阻率（25℃），Ω·m	$≥2.8×10^7$
保质期	粘胶/填料（密封）：2a

3．APPW复合材料修复前准备

1）表面处理

腐蚀点的表面是否光滑干净是修补工作成功的关键，为达到相关标准要求，可使用喷砂器、抛光机、砂布或通过手工清洗的方法彻底对腐蚀点表面进行处理，腐蚀点表面清理的宽度至少应大于37cm，并打磨腐蚀点周围及预计胶带要包裹的整个管道圆周表面并彻底将杂志清理干净，清理程度以能看到白色金属表面为宜。

2）腐蚀程度测量

用量规、皮尺或便携式超声波测厚仪测量腐蚀点的长度、宽度和深度（剩余壁厚）。

3）胶带层数确定

根据腐蚀点的测量尺寸和管径、材质及运行等级等参数，从厂家提供的安装手册上（层数速查表）查出修复该腐蚀点所需胶带的层数（通常在设计阶段就已经确定，但现场应对实际的缺陷进行核实）。

4．APPW复合材料现场安装步骤

1）沿管道圆周画胶带安装线

可用一个和胶带宽度一样的铜皮或铁皮卡箍或卷尺卡在管道上，然后用粉笔沿卡箍边缘在管道上画线。画线时注意腐蚀点的位置应位于两条线的中部。若腐蚀点较长，则应用两条胶带并列缠绕。安装时应保证腐蚀点边缘不超出胶带边沿。

2）埋补填料

根据腐蚀点的深度及表面积的大小，估计出所需填料的总量。然后取相等体积的填料A和填料B在一小木板上充分拌匀，直到呈均匀灰色（在混合填料中不能看出白点、黑点或白线、黑线），然后将混合后的填料抹在腐蚀区域内直到和未腐蚀的管表面处于同一层面，再用戴手套的手蘸少许水将填料拍实、抹平。确保填料内没有气泡或其他缝隙。

3）胶带准备

根据确定的胶带层数测量出所需胶带总长度。如果可以保证胶带垂直地缠绕在管壁上，并且该腐蚀点长度小于胶带宽度，可以用一整根胶带修复一个腐蚀点。如果腐蚀点长度大于单根胶带宽度，也就是说当某一腐蚀点需要两根或两根以上胶带并列安装时，每根胶带长度必须剪成刚好包裹管道一圈并略长 3cm 左右。

4）高强度混合物胶配置

根据胶带的下料长度，计算出所需胶带的总面积，一般来说，在常温（25℃）条件下，每毫升 A 胶（或 B 胶）可以涂抹 $13\sim15cm^2$ 的胶带。根据胶带涂抹面积取相同体积的 A 胶和 B 胶倒入同一塑料搅拌桶中，充分搅拌 3min，直到混合液中看不到白色或黑色胶线为止。

5）胶带混合胶涂抹

将配置好的混合胶均匀地倒一部分在胶带上，然后用滚刷或其他刷子涂抹均匀，边沿与边角部分也需涂抹，刷好一面后翻过来再刷另一面，并卷在木棍上以备往腐蚀管道上安装。涂抹时可先将一塑料布平铺在桌面上，然后将准备好的几根胶带铺在塑料布上进行涂抹。

6）胶带缠绕安装

首层胶带盖住腐蚀点，且安装的起点与腐蚀点的夹角在 45°～90°，胶带粗糙面应紧贴管道表面，如图 6-11（a）所示。采用分层缠绕时，第二条胶带头应与第一根胶带尾搭接的宽度不应小于 3cm，层与层的接头间最好错开 3～5cm，以此类推，如图 6-11（b）所示。采用并列缠绕修复方式时，从缠绕第二层起，每缠绕一层，列与列间的胶带应错口搭接 3～5cm，以此类推。

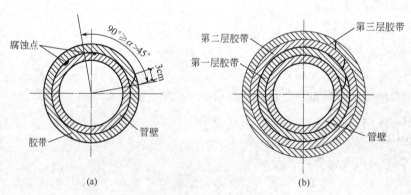

图 6-11　胶带缠绕安装示意图

7）识别定标带安装

识别定标带按安装说明安装在复合材料上部两端，便于再次进行智能检测时识别修复点。

8）安装完毕

当所需的胶带层数全部安装完毕后，需要用混合填料将胶带边缘填实并抹成坡口。最后一层胶带末端也应用填料抹平。

当腐蚀点较长，一条胶带不足以包住腐蚀点时，应用两条或更多的胶带并列安装以修复较长腐蚀点。其安装步骤与安装一条胶带略有不同，首先应用第一层胶带并列安装在腐蚀点上。第二层胶带的边缘应和第一层胶带的边缘错开2cm以上。第二层胶带中的第二条再和第二层中的第一条胶带并列安装，意在错开第一层和第二层胶带的边缘接缝。

5．技术要求

APPW复合材料修复的技术要求如下：

（1）腐蚀点表面处理应达到SY/T 0407—2012《涂装前钢材表面处理规范》中的St3级要求。

（2）腐蚀点应布置在胶带中部，对纵向较长的腐蚀点，安装时应保证腐蚀点边缘距胶带边缘的距离不小于50mm；若腐蚀点过长，不能满足上述要求，则应考虑两根胶带并列安装。

（3）测量腐蚀点的长度和深度，从而计算所用填料用量。

（4）按商家提供的安装手册确定胶带层数和长度。

（5）该复合材料在常温时（25℃）的固化时间为12h。安装的新胶带在固化期间不能浸泡在水中或遭雨淋。

（6）如安装时气温低于25℃，或希望尽快固化，可在湿的胶带外面包裹一干净塑料布，然后用电热毯包住胶带并加热到79℃。1.5h后即可固化。

二、钢质套筒修复

（一）钢质套筒补强材料结构及修复原理

钢质套筒补强材料主要由两片管道夹具、环氧树脂注入料两部分组成，适用于修复各类输油气钢质管线的缺陷，传统的修复工艺是通过在钢管外壁直接焊接钢套管或钢板补丁对缺陷处进行补强，而复合套管是将钢壳管卡套在管道上并保持一定环缝隙，环缝隙两端用胶封闭，再用环氧填胶灌注封闭环缝隙形成坚固的复合套管，进而对管道缺陷进行补强的。

（二）钢质套筒补强材料修复步骤

1．修复管道缺陷验证及外观检查

对缺陷点进行开挖验证后，记录腐蚀点的区域、剩余壁厚、径向点位置或焊缝缺陷等。

2．钢管表面预处理

根据套筒长度，采用人工剥离的方法除去管道表面防腐层，并进行管道表面除锈，除锈等级必须要达到St3级，并尽量能够达到Sa2.5级，钢管表面处理效果如图6-12所示。

3．钢质套筒安装

钢质套筒安装步骤如下：

（1）将两个半截套筒分别放入位，将所有缺陷点全部包容在套筒空间内。操作时，应先放置带有观察孔的半截套管，将其缓缓扣在修复区，然后将另一半深入到修复区底部，使其与上半截套管接近，用螺栓将两个半截套管连接在一起。

（2）用专用调整卡具调整套筒环形缝隙，尽量使中间空隙匀称，使环氧树脂可以在各个部位平均承受压力。

（3）用压缩空气或电吹风机将套筒环形缝隙内的杂物吹扫干净。

套筒安装如图 6-13 所示。

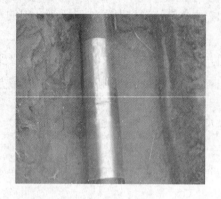
图 6-12 钢管表面处理

图 6-13 套筒安装

4. 套筒端口密封及注脂

套筒端口密封及注脂步骤如下：

（1）用填平胶修补磨平缺陷处，待干 5~10min 后将端口密封胶涂到环形端口边缘，待干 5~10min，检查端口密封胶的密封效果。

（2）注入环氧树脂：将环氧树脂注入机出料软管管口连接到套筒底部注入口，连接好套筒底阀，检查钢壳套筒的排气口螺栓和排气管。

（3）将搅拌好的环氧树脂注入套筒环缝隙内。注胶过程中要保证注入过程的连续性，观察排气口，当排气口全部都有环氧树脂流出时，立即停止注胶，待环氧树脂利用自身重力排空并填充缝隙，3min 后再重新注入，并保证排气口有一定的流出量，注入完毕后关闭注入阀门。注脂操作如图 6-14 所示。

图 6-14 套筒注脂

5．套筒外防腐

套筒外防腐操作步骤如下：

（1）将调配好的液态环氧树脂涂料在套筒和剥离防腐层的钢管上涂两遍，第一遍表干后可涂第二遍。

（2）将 100mm 宽黏弹体胶带或 150～200mm 宽聚乙烯冷缠带搭接在原防腐层与环氧树脂处，做防腐封闭处理，胶带中心线正好覆盖在搭接处，要保证胶带同时黏接防腐层与环氧树脂，防腐效果如图 6-15 所示。

图 6-15　套筒外防腐

（三）注意事项

钢质套筒修复应注意以下事项：

（1）商家应根据业主提供的缺陷类型及尺寸（管道外径）设计加工套筒。对套筒内表面进行喷砂处理，并达到 St3 标准。

（2）由于管道涂层需要固化时间，无溶剂液态环氧树脂涂料在 5℃以上的固化时间为 24h，固化后强度可达到 85% 以上，在涂层未完全固化前避免回填，以免损伤涂层。

三、管道本体严重缺陷及泄漏维修

由于管道运行时间长，管道绝缘层老化严重，在后期的智能内检测中，有少数管道检测出外腐蚀缺陷的腐蚀程度超过管子壁厚的 80%，甚至已穿孔（但未出现天然气泄漏）；少数管道的凹陷或屈曲的金属损失造成管壁的径向畸变大于管子外径的 6%，而此类缺陷又不适合使用管线剩余强度的计算，也不适合加强修复，因此针对此类的严重缺陷，应采取相应的技术应急措施，加强管道的维护。

当最小剩余壁厚小于 0.2 倍原始壁厚（即腐蚀程度超过管子壁厚 80%），或绝对值小于 2mm 时，确定为等效穿孔，须立即更换或维修。

结合生产的具体情况，可立即更换或采取相应的防护措施后再进行更换。当无法立即更换时，可按下列要求进行维修。

（一）等效穿孔应急处理措施

按本章节复合材料补强修复技术修复等效穿孔，畸变大于管子外径的 6%时可采取同样的处理措施，并对该点加强巡检。

（二）穿孔泄漏应急处理措施

穿孔泄漏可采用夹具堵漏进行处理，常用的夹具是对开两半的，使用时，先将夹具扣在穿孔处附近后再穿上螺栓，以用力能使卡子左右移动为宜；然后将卡子慢慢移动至穿孔部位，上紧螺丝固定。

在操作过程中可用铜锤敲击卡具外表面，以便使密封垫嵌入漏点。密封垫（如铅板）的厚度必须适中，太薄没有补偿作用，太厚则不能完全压缩，不易堵住漏点，而且漏点的位置及介质压力、温度等因素都要认真考虑。

在生产条件允许时，应组织对以上应急处理的缺陷点进行换管处理。

第七章

管道保护法规及管道应急预案

近年来，我国非常重视油气管道的保护工作，相继出台了有关的法律规法规，如《石油天然气管道保护条例》《石油及天然气管道安全监督规定》及《石油天然气管道保护法》。此外，《中华人民共和国安全生产法》《中华人民共和国土地法》《中华人民共和国环境保护法》和《中华人民共和国特种设备安全法》等法律法规也对管道管理工作提出了相关的要求，本章将主要介绍《石油天然气管道保护法》《中华人民共和国特种设备安全法》和《治安条例》中与管道相关的部分条款内容。

第一节　石油天然气管道保护法相关规定

1998 年 3 月 12 日国务院首次发布了《石油天然气管道保护条例》，为我国油气管道保护工作奠定了基础。《石油天然气管道保护法》自 2010 年 10 月 1 日起施行。该法共 6 章 61 条，包括总则、管道规划与建设、管道运行中的保护、管道建设工程与其他建设工程相遇关系的处理、法律责任和附则。

一、制定管道保护法的目的

制定管道保护法的目的是为了保护石油（包括原油和成品油）和天然气（包括天然气、煤层气和煤制气）管道，保障石油天然气输送安全，维护国家能源安全和公共安全。

二、适用范围

适用中华人民共和国境内输送石油天然气管道的保护。不适用城镇燃气管道和炼油、化工等企业厂区内管道的保护。管道包括管道及管道附属设施。

三、总则

（1）国务院能源主管部门主管全国管道保护工作，负责组织编制并实施全国管道发展规划，统筹协调全国管道发展规划与其他专项规划的衔接，协调跨省、自治区、直辖市管道保护的重大问题。国务院其他有关部门依照有关法律、行政法规的规定，在各自职责范围内负责管道保护的相关工作。

（2）省、自治区、直辖市人民政府能源主管部门和设区的市级、县级人民政府指定的部门，主管本行政区域的管道保护工作，协调处理本行政区域管道保护的重大问题，指导、监督有关单位履行管道保护义务，依法查处危害管道安全的违法行为。县级以上地方人民政府其他有关部门依照有关法律、行政法规的规定，在各自职责范围内负责管道保护的相关工作。

（3）县级以上地方人民政府应当加强对本行政区域管道保护工作的领导，督促、检查有关部门依法履行管道保护职责，组织排除管道的重大外部安全隐患。

（4）管道企业应当建立、健全本企业有关管道保护的规章制度和操作规程并组织实施，宣传管道安全与保护知识，履行管道保护义务，接受人民政府及其有关部门依法实施的监督，保障管道安全运行。

（5）任何单位和个人不得实施危害管道安全的行为。

（6）国家鼓励和促进管道保护新技术的研究开发和推广应用。

四、管道保护巡检相关内容

（1）管道企业对管道进行巡护、检测、维修等作业，管道沿线的有关单位、个人应当给予必要的便利。

（2）禁止下列危害管道安全的行为：

① 擅自开启、关闭管道阀门。

② 采用移动、切割、打孔、砸撬、拆卸等手段损坏管道。

③ 移动、毁损、涂改管道标志。

④ 在埋地管道上方巡查便道上行驶重型车辆。

⑤ 在地面管道线路、架空管道线路和管桥上行走或者放置重物。

（3）禁止在管道附属设施上方架设电力线路、通信线路或者在储气库构造区域范围内进行工程挖掘、工程钻探、采矿。

（4）在管道线路中心线两侧各 5m 地域范围内，禁止下列危害管道安全的行为：

① 种植乔木、灌木、藤类、芦苇、竹子或者其他根系深达管道埋设部位可能损坏管道防腐层的深根植物。

② 取土、采石、用火、堆放重物、排放腐蚀性物质、使用机械工具进行挖掘施工。

③ 挖塘、修渠、修晒场、修建水产养殖场、建温室、建家畜棚圈、建房以及修建其他建筑物、构筑物。

（5）在管道线路中心线两侧和管道附属设施周边修建下列建筑物、构筑物的，建筑物、构筑物与管道线路和管道附属设施的距离应当符合国家技术规范的强制性要求：

① 居民小区、学校、医院、娱乐场所、车站、商场等人口密集的建筑物。

② 变电站、加油站、加气站、储油罐、储气罐等易燃易爆物品的生产、经营、存储场所。

（6）在穿越河流的管道线路中心线两侧各 500m 地域范围内，禁止抛锚、拖锚、挖砂、挖泥、采石、水下爆破。但是，在保障管道安全的条件下，为防洪和航道畅通而进行的养护疏浚作业除外。

154

（7）在管道专用隧道中心线两侧各 1000m 地域范围内，禁止采石、采矿、爆破。但因修建铁路、公路、水利工程等公共工程，确需实施采石、爆破作业的，应当经管道所在地县级人民政府主管管道保护工作的部门批准，并采取必要的安全防护措施，方可实施。

（8）未经管道企业同意，其他单位不得使用管道专用伴行道路、管道水工防护设施、管道专用隧道等管道附属设施。

（9）进行下列施工作业，施工单位应当向管道所在地县级人民政府主管管道保护工作的部门提出申请：

① 穿跨越管道的施工作业。

② 在管道线路中心线两侧各 5～50m 和管道附属设施周边 100m 地域范围内，新建、改建、扩建铁路、公路、河渠，架设电力线路，埋设地下电缆、光缆，设置安全接地体、避雷接地体。

③ 在管道线路中心线两侧各 200m 和管道附属设施周边 500m 地域范围内，进行爆破、地震法勘探或者工程挖掘、工程钻探、采矿。

（10）发生管道事故，管道企业应当立即启动本企业管道事故应急预案，按照规定及时通报可能受到事故危害的单位和居民，采取有效措施消除或者减轻事故危害，并依照有关事故调查处理的法律、行政法规的规定，向事故发生地县级人民政府主管管道保护工作的部门、安全生产监督管理部门和其他有关部门报告。

（11）管道泄漏的石油和因管道抢修排放的石油，由管道企业回收、处理，任何单位和个人不得侵占、盗窃、哄抢。

（12）后开工的建设工程服从先开工或者已建成的建设工程，同时开工的建设工程，后批准的建设工程服从先批准的建设工程。

第二节　中华人民共和国特种设备安全法

一、制定目的

制定该法的目的是为了加强特种设备安全工作，预防特种设备事故，保障人身和财产安全，促进经济社会发展。

二、适用范围

该法适用于特种设备的生产（包括设计、制造、安装、改造、修理）、经营、使用、检验、检测和特种设备安全的监督管理。该法所称的特种设备，是指对人身和财产安全有较大危险性的锅炉、压力容器（含气瓶）、压力管道、电梯、起重机械、客运索道、大型游乐设施、场（厂）内专用机动车辆，以及法律、行政法规规定适用本法的其他特种设备。

三、总则

（1）国家对特种设备实行目录管理。

（2）特种设备安全工作应当坚持安全第一、预防为主、节能环保、综合治理的原则。

（3）国家对特种设备的生产、经营、使用，实施分类的、全过程的安全监督管理。

（4）国务院负责特种设备安全监督管理的部门对全国特种设备安全实施监督管理。县级以上地方各级人民政府负责特种设备安全监督管理的部门对本行政区域内特种设备安全实施监督管理。

（5）特种设备生产、经营、使用、检验、检测应当遵守有关特种设备安全技术规范及相关标准。

（6）特种设备安全技术规范由国务院负责特种设备安全监督管理的部门制定。

（7）任何单位和个人有权向负责特种设备安全监督管理的部门和有关部门举报涉及特种设备安全的违法行为，接到举报的部门应当及时处理。

四、与管道企业相关内容

（1）使用单位应当使用取得许可生产并经检验合格的特种设备。禁止使用国家明令淘汰和已经报废的特种设备。

（2）使用单位应当在特种设备投入使用前或者投入使用后三十日内，向负责特种设备安全监督管理的部门办理使用登记，取得使用登记证书。登记标志应当置于该特种设备的显著位置。

（3）使用单位应当建立岗位责任、隐患治理、应急救援等安全管理制度，制定操作规程，保证特种设备安全运行。

（4）使用单位应当建立特种设备安全技术档案。安全技术档案应当包括以下内容：

① 设计文件、产品质量合格证明、安装及使用维护保养说明、监督检验证明等相关技术资料和文件。

② 定期检验和定期自行检查记录。

③ 日常使用状况记录。

④ 仪器仪表的维护保养记录。

⑤ 运行故障和事故记录。

（5）应当具有规定的安全距离、安全防护措施。

（6）使用单位应当对其使用的特种设备进行经常性维护保养和定期自行检查，并做出记录。

（7）使用单位应当按照安全技术规范的要求，在检验合格有效期届满前一个月向特种设备检验机构提出定期检验要求。

（8）未经定期检验或者检验不合格的特种设备，不得继续使用。

（9）安全管理人员应当对特种设备使用状况进行经常性检查，发现问题应当立即处理；情况紧急时，可以决定停止使用特种设备并及时报告本单位有关负责人。

（10）出现故障或者发生异常情况，使用单位应当对其进行全面检查，消除事故隐患，方可继续使用。

（11）进行改造、修理，按照规定需要变更使用登记的，应当办理变更登记，方可继续使用。

（12）存在严重事故隐患，无改造、修理价值，或者达到安全技术规范规定的其他报废条件的，使用单位应当依法履行报废义务。

（13）特种设备使用单位应当制定特种设备事故应急专项预案，并定期进行应急演练。

（14）特种设备发生事故后，事故发生单位应当按照应急预案采取措施，组织抢救，防止事故扩大，减少人员伤亡和财产损失，保护事故现场和有关证据，并及时向事故发生地县级以上人民政府负责特种设备安全监督管理的部门和有关部门报告。

（15）与事故相关的单位和人员不得迟报、谎报或者瞒报事故情况，不得隐匿、毁灭有关证据或者故意破坏事故现场。

（16）事故责任单位应当依法落实整改措施，预防同类事故发生。

第三节　压力管道安全监察规定

一、适用范围

压力管道按其用途划分为长输管道、公用管道和工业管道。本规定适用于具备下列条件之一的管道及其附属设施：

（1）最高工作压力大于或者等于 0.1MPa（表压），公称直径大于 25mm，输送介质为气（汽）体、液化气体的管道。

（2）最高工作压力大于或者等于 0.1MPa（表压），公称直径大于 25mm，输送可燃、易爆、有毒、有腐蚀性的液体或最高工作温度高于等于标准沸点的液体管道。

（3）前二项规定的管道的附属设施及安全保护装置等。

二、压力管道的使用

（1）长输管道、公用管道的营运单位以及工业管道使用单位（以下统称为使用单位），应当保证压力管道的安全使用。

（2）压力管道在投入使用前或者投入使用后 30 日内，使用单位应当按照有关安全技术规范的规定向质检部门登记。工业管道和公用管道使用登记由所在地的市级质检部门负责，跨省和中央企业所属长输（油气）管道使用登记由国家质检总局负责，其他长输管道使用登记由所在地的省级质检部门负责。

（3）压力管道登记后，负责使用登记的质检部门（以下简称登记部门）向使用单位颁发使用登记证和登记标志。使用登记证有效期为 6 年。使用登记证的复核期限和程序按照有关安全技术规范的要求执行。

（4）使用的压力管道出现下列情况之一，使用单位应当履行下列手续：

① 因租赁、转让、继承等原因更换压力管道的主要负责人或者使用单位时，新的主要负责人或者使用单位应当在租赁、转让、继承后 30 日内向原登记部门办理使用登记证变更。

② 压力管道停用 6 个月以上的，使用单位应当在停用后的 30 日内告知原登记部门。

③ 报废压力管道的使用单位，应当在报废后的 30 日内到原登记部门办理使用登记证注销。

（5）使用单位应当建立压力管道安全技术档案。安全技术档案应当包括以下内容：

① 压力管道的类别、名称、技术参数、元件质量合格证明、安装质量合格证明、安装质量监督检验证书和设计文件（包括平面布置图、单线图等图纸）、使用维护说明等文件以及安装技术文件和资料。

② 压力管道的定期检验和定期自行检查的记录。

③ 压力管道的日常使用状况记录。

④ 压力管道及其安全保护装置、测量调控装置及有关附属仪器仪表的日常维修保养记录。

⑤ 压力管道运行故障和事故记录。

（6）在用压力管道应按照有关安全技术规范的规定进行定期检验，未经定期检验或定期检验不合格的压力管道，不得继续使用。

（7）使用单位每年应当制定压力管道定期检验计划，并将定期检验计划告知负责登记部门。

（8）压力管道使用单位设立的压力管道检验机构，经国家质检总局核准，可以负责本单位特定范围内的压力管道定期检验工作。

（9）长输（油气）管道、公用管道和较大数量工业管道的使用单位，应设置压力管道安全管理机构或者配备专职的安全管理人员；其他使用单位，应根据情况设置压力管道安全管理机构或者配备专职、兼职的安全管理人员。

（10）使用单位负责组织对压力管道操作和安全管理人员进行压力管道安全技术培训，经登记部门考核合格，方可从事相应的安全管理和操作工作。

（11）压力管道操作人员在作业中应当严格执行压力管道的操作规程和有关的安全规章制度。操作人员在作业过程中发现事故隐患或者其他不安全因素，应当立即向现场安全管理人员和单位有关负责人报告。

（12）使用单位应根据压力管道的具体情况，定期自行检查。自行检查至少每月进行一次，并做出记录。自行检查记录至少保存 3 年。自行检查时发现异常情况的，应当及时处理。压力管道的安全管理人员应对压力管道使用状况进行经常性检查，发现问题应及时处理，并及时报告本单位有关负责人。

（13）使用单位应当对压力管道进行经常性维护保养，安排或进行压力管道安全保护装置、测量调控装置和附属仪器仪表的定期检查、检修，并对上述维护保养和检查、检修情况做出记录。发现情况异常的，应当及时处理。

（14）输送可燃、易爆或有毒介质的压力管道使用单位应制定公共安全教育计划并组织实施，使用户、居民和从事相关作业的人员了解预防压力管道事故知识，提高安全意识。

（15）对于输送可燃、易爆或有毒介质的压力管道，使用单位应做到：

① 制定事故预防方案（包括应急措施和救援方案）。

② 建立巡线检查制度。

③ 根据需要建立抢险队伍，并定期演练。

（16）在用压力管道出现故障或者发生异常情况，使用单位应当查明原因，及时采取措施，消除事故隐患后，方可重新投入使用。

（17）压力管道存在严重事故隐患，无改造、维修价值，或者超过安全技术规范规定使用年限的，使用单位应当及时予以报废。

（18）发生压力管道事故时，使用单位按照有关规定要求及时向所在地的人民政府和质检部门报告。重大事故隐患，使用单位应以书面形式报告登记部门。

三、压力管道类别定义及范围

压力管道类别定义及范围见本书第一章第二节。

第四节 天然气管道事故应急处置程序

管道事故主要包括管道泄漏、爆炸、着火及由此带来的人员伤亡、环境污染等事故类型。因此建立事故应急处置程序有助于发生事故时的应急处理，降低风险和减少人员伤亡和财产损失。

一、天然气管道事故分级

（一）Ⅰ级事故

符合条件之一为Ⅰ级事故：（1）造成10人及以上死亡，或50人及以上受伤（或中毒），或1000万元以上直接经济损失；（2）对社会安全、环境造成重大影响，需要紧急转移安置1000人以上；（3）造成站场工艺区或周边生产设施严重破坏，主干线输送可能中断72小时以上。

（二）Ⅱ级事故

符合条件之一为Ⅱ级事故：（1）造成1~9人死亡，或3~49人（或中毒），或500万元以上、1000万元以下直接经济损失；（2）对社会安全、环境造成重大影响，需要紧急转移安置500人以上，1000以下；（3）造成站场工艺区或周边生产设施严重破坏，主干线输送可能中断8小时以上。

（三）Ⅲ级事故

符合条件之一为Ⅲ级事故：（1）造成2人以下重伤，或500万元以下直接经济损失；

（2）对社会安全、环境造成重大影响，需要紧急转移安置 500 人以下；（3）造成站场工艺区或周边生产设施严重破坏，主干线输送可能中断 8 小时以下；（4）影响气量大于或等于 $50×10^4m^3/d$；（5）H_2S 含量在 30g/m^3 以上；（6）管线设备故障导致注采停运。

（四）Ⅳ级事故

符合条件之一为Ⅳ级事故：（1）造成人员轻伤，或 5 万元以下直接经济损失；（2）对社会安全、环境造成轻微影响，不需要气矿对外协调处理；（3）影响气量小于 $50×10^4m^3/d$；（4）各二级单位现有救援设施可以对事故进行有效控制，不需紧急求援的。

二、事故报告与处置

（一）一般突发事件信息报告与处置

一般突发事件信息报告与处置流程如图 7-1 所示。

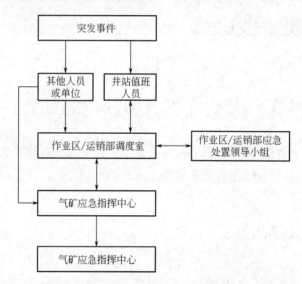

图 7-1　一般突发事件信息报告与处置流程图

（二）重大突发事件信息报告与处置

重大突发事件信息报告与处置流程如图 7-2 所示。

（三）事故现场报告及处置（一线员工报警）

当发生管道事故时，若事故点有管道管理单位员工或正作业的队伍（视为一线员工），处于一线的员工应迅速进行判断和反应：

（1）应迅速判断事故发生部位、事故性质、可控性、人员伤亡情况、破坏损失程度、危害范围、周边环境、目前状况及发展趋势。

（2）根据初步判断的结果，如果现场能处理或控制的，应立即采取处置或控制措施，并同步迅速向作业区汇报；若无法控制，则立即向作业区与相关的集输场站汇报。

（3）根据作业区指令，在确保自身安全的前提下在对事故点进行监控（有条件的要划定安全警戒区域，拉上警示带），疏散警戒区内的人员并阻止非抢险人员进入警戒区。

（4）保持与作业区的通信联系，及时将事故发展动态向作业区汇报。

（5）若发生火灾、人员伤亡、爆炸等严重情况时，现场人员可直接拨打"110"电话。

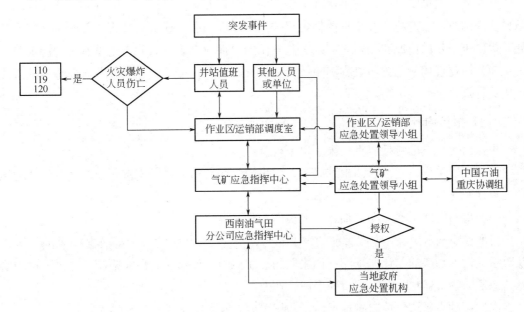

图 7-2　重大突发事件信息报告与处置流程图

（四）事故现场报告及处置（沿线居民报警）

当发生管道事故时，报警人员为沿线居民或路过人员时，作业区接到报警电话，应至少落实或问清楚以下事情：事故发生地点、周边环境、事故性质（泄漏、爆炸或燃烧）及其程度、人员伤亡情况、破坏损失程度。

（五）作业区报告及处置

（1）根据报告内容对事故进行初步的核实和确认，指导一线人员进行必要的应急处置。

（2）在确认报告内容后，对事故性质、危害程度和范围等应迅速进行初步评估和判断，初步判定事故级别后，作业区迅速启动应急预案，同时向气矿调度室报告。

（3）作业区根据初步判定结果立即对关联管线、站场（阀室）实施应急处置，通过气流方向调整、流程变化或关断上下游阀门等方式，切断事故点的气源；同时，组织应急抢险力量赶赴现场进行应急救援，并将现场处置情况及时汇报。

（4）当涉及公共安全时，应在第一时间向当地县级（或乡级）人民政府或村委会发出报警信息，并配合疏散事故点周边群众，同时向气矿党政办公室和调度室报告。

（5）当涉及相关气矿（输气管理处）、净化厂或用户时，应在通知关联站场进行应急处置的同时报告气矿调度室请求通知相关的气矿（输气管理处）、净化厂和用户实施应急准备或应急处置，防止关联反应导致事态扩大。

（六）气矿报告及处置

气矿报告及处置步骤如下：

（1）根据报告内容对事故进行初步的核实和确认，指导作业区进行应急处置，并通知关联的气矿、净化厂、输气管理处或用户实施应急准备或采取应急措施。

（2）气矿接报告后，经过初步评估确定为Ⅰ级、Ⅱ级、Ⅲ级突发事件时，应在启动应急预案的同时，立即将突发事件的情况报分公司调度中心，通过后续报告及时反映事态进展，提供进一步的情况和资料。涉及公共安全的事件应在第一时间向地方有关部门报告。

（3）根据现场应急抢险进程和事故处置情况、严重程度等，指导作业区配合疏散事故点周边群众。

（七）报告内容

报警内容一般应包括但不仅限于以下内容：

（1）事发单位、地点，要求准确到发生事故管线、相关站场阀室名及事故发生处的地理位置（所在市、县、乡、村）。

（2）事发时间、事故经过描述、人员伤亡和撤离情况。

（3）管线基本情况，事故目前的发展态势、严重程度（定性或定量描述）、影响范围以及对事故发展趋势的估计与预测；已采取的控制措施、拟采取的控制措施、建议采取的措施、急需的物资器材、技术支持和手段、作业队伍。

（4）事故点周边环境影响情况、周边居民分布及道路交通与气象情况等。

（5）信息来源：报告人的单位、姓名、职务和联系电话。

（八）报告和应急记录

自发生管道事故到应急抢险过程结束，要求对应急全过程实行跟踪记录和归档。报告和应急记录主要包含以下内容：

（1）气矿各级应急办公室必须建立完整的应急处置档案，包括信息报送、组织联络、相关会议记录、现场应急措施及实施情况与效果记录等。

（2）现场应急指挥部负责编写应急事故处置总结，总结应包括以下内容：

① 事故情况，包括事故发生时间、地点、人员伤亡情况、财产损失、影响范围、事故发生初步原因。

② 应急处置过程。

③ 处置过程中动用的应急资源。

④ 处置过程遇到的问题，取得的经验、教训及建议。

三、处置措施

（一）响应流程

事故响应流程如图 7-3 所示。

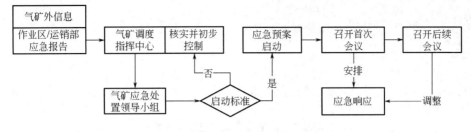

图 7-3　事故响应流程图

（二）应急响应分级

气矿级：天然气输送管道事故 Ⅰ 级、Ⅱ 级、Ⅲ 级情况。

作业区/运销部等级：天然气输送管道事故 Ⅳ 级情况。

（三）应急响应启动

达到天然气输送管道事故 Ⅰ 级、Ⅱ 级、Ⅲ 级情况时，气矿天然气调度室立即启动预处置措施，同时报告气矿应急办公室，由气矿应急领导小组负责人（或委托人）启动气矿级管道事故应急预案，由应急办公室统一协调指挥产运销平衡和抢险救援工作。

（1）气矿调度室对收到的突发事件有关信息进行核实和评估后，应采取相应的应急处置控制措施，并同时向气矿应急处置领导小组报告。

（2）应急预案启动由气矿应急处置领导小组组长（或授权委托人）批准。

（3）首次会议由气矿应急处置领导小组组长（或授权委托人）主持，应急小组成员参加。

（4）后续会议应根据突发事件应急处置状态，由气矿应急处置领导小组组长（或授权委托人）主持，其主要内容是对应急响应内容进行调整和补充。

（5）若为天然气输送管道事故 Ⅳ 级情况，由作业区（运销部）或终端公司应急领导小组负责人（或委托人）启动应急预案，由气矿天然气调度室负责流程倒换配合，协调相关科室、单位及时处理，并进行信息发布。

附录

附表 1 恒电位仪维护记录参考表

站　名：

年/月/日	恒电位仪编号	天气	电位测量 -mv	输出电位 -V	输出电流 A
维护记录					
故障现象：					
故障原因及解决措施：					

164

附表2 阴极保护电位测试参考表

检测人员：　　　　　　　　记录人员：　　　　　　　　校核人员：

管道名称			阴极保护站名称	
阴极保护设备型号			检测设备名称	
通电点电位，-V			检测设备型号	
保护率，%			检测时间	
运行率，%			环境条件	
恒电位仪输出	输出电位，-V			
	输出电流，A			
	电位测量，-V			

检测点编号	通电电位 -V	断电电位 V	自然电位 -V	备注
				（如检测点地理位置描述）

附表3 接地电阻测量参考表

阳极名称		检测设备名称	
检测点位置		检测设备型号	
测试时间		测试方式（长接地/短接地）	
检测人员		记录人员	

测试方法			
记录数据	长接地电阻法，图3-33（a）	长接地电阻法，图3-33（b）	短接地电阻法
L			
d_{12}			
d_{13}			
R			

注：（1）长接地，按图3-33（a）：d_{13}不得小于40m，d_{12}不得小于20m。在土壤电阻率较均匀的地区，d_{13}取$2L$，d_{12}取L；在土壤电阻率不均匀的地区，d_{13}取$3L$，d_{12}取$1.7L$。

（2）长接地，按图3-33（b）：$d_{13}=d_{12}\geq 2L$。

（3）短接地电阻法：d_{13}取40m左右，d_{12}取20m左右。

附表4 四极法土壤电阻率测量参考表

管道名称		检测设备名称	
检测点位置		检测设备型号	
测试时间		测试方式（等距/非等距）	
检测人员		记录人员	
等距法公式： $\rho=2\pi aR$		不等距法公式： $\rho=\pi R\left(b+\dfrac{b^2}{a}\right),b=h-\dfrac{a}{2}$	

ρ——地表至深度 a 土层的平均土壤电阻率，$\Omega\cdot$m；
a——相邻两电极之间的距离，m；
R——接地电阻仪示值，Ω；
b——外侧电极与相邻内侧电极之间的距离，m；
h——测深，m

测试方法				
等距法		非等距法		
电极插入深度（<$a/20$）		电极插入深度（<$a/20$）		
a		a		R	
R		h		ρ	
ρ		b			

附表5 管道壁厚测试记录参考表

测试仪器型号		管道规格	
测试人员		测试时间	
测试地理位置		防腐绝缘层类型	

防腐层破损情况描述：

管体腐蚀情况描述：

壁厚时钟方向测试数据，mm

1：00		2：00		3：00		4：00	
5：00		6：00		7：00		8：00	
9：00		10：00		11：00		12：00	

附表6 破损点 DCVG 测量数据表

编号	位置	管地电位 mV		直流地电位梯度，mV		电流方向		腐蚀状态类型	%IR	备注
		V_{on}	V_{off}	ΔV_{on}	ΔV_{off}	通电	断电			
1										
2										
3										
……										

附表7 黏性土滑坡灾害调查参考表

调查日期：　　年　月　日　　　　　　调查人：　　　　　　审核人：

管道名称								
灾害点编号		灾害类型	黏性滑坡	地理坐标	N	(°)	(′)	(″)
					E	(°)	(′)	(″)
					H		m～　　m	
行政位置		省（市）　　地区（州）　　县　　镇（乡）地名：						
管道桩号		km　　　m—　　km　　　m						
调查内容								
滑坡规模，m		长　　，宽　　，厚		坡高，m			坡度，(°)	
滑动方向，(°)		管道受影响长度，m		管道埋深，m			管道走向，(°)	
调查人员对该灾害点风险等级的经验判断		1. 该灾害点风险高，短期内应开展防治 □ 2. 该灾害点风险较高，采取监测或风险减缓措施 □ 3. 该灾害点风险中等，应重点巡查或简易监测 □ 4. 该灾害点风险较低，应安排巡检查看 □ 5. 该灾害点风险低，可以不采取任何措施 □						
调查人员防治建议								
1	区域地震烈度	1. ≥9度 □；2. 8～9度 □；3. 7～8度 □；4. <7度 □						
2	降雨敏感性	1. 大，降雨时该类滑坡很容易发生失稳 □ 2. 小，该类滑坡的活动与降雨关系不大 □ 3. 无，该类滑坡的活动与降雨没有关系 □						
3	坡度，(°)	1. >40 □；2. 15～40 □；3. <15 □						
4	植被	1. 耕地 □ 2. 坡地，植被覆盖率小于40% □ 3. 坡地，植被覆盖率40%～90% □ 4. 坡地，植被覆盖率大于90% □ 5. 建设用地 □						
5	土体塑性	1. 浸水后土体可能进入软塑或流塑状态 □ 2. 浸水后土体可能进入可塑状态 □ 3. 浸水后土体仍维持坚硬-硬塑状态 □						
6	地下水动态变化	1. 坡体有渗水或泉水，或可判断地下水位高于（潜在）滑动面 □ 2. 地下水位低于（潜在）滑动面 □						

7	坡脚冲刷	1. 长期存在冲刷，时常导致局部滑塌 □ 2. 偶有冲刷，偶有局部滑塌或滑塌对滑坡整体影响不大 □ 3. 不存在冲刷问题，或冲刷对斜坡没有影响 □
8	地表入渗	1. 有水塘、沟渠、灌溉或后方有较大汇水流入滑坡区，并在滑坡区大量渗入地下 □ 2. 无水源或入渗量较小 □
9	人工活动	1. 当前和以后有坡脚开挖、后缘加载等人工活动 □ 2. 当前和以后有农业活动，或附近有爆破、车辆频繁往来等 □ 3. 当前和以后没有人工活动，或仅有人员走动、偶有车辆 □
10	滑坡变形迹象	1. 前缘、后缘等处均有明显变形活动迹象，或监测显示滑坡正在整体变形 □ 2. 局部出现明显变形活动迹象，或监测显示滑坡正在局部变形 □ 3. 没有新近变形活动现象，或监测显示没有变形 □ 4. 已发生大规模滑动，坡体形态发生较大改变 □
11	针对滑坡的监测措施	1. 没有针对该灾害点的巡检或任何监测措施 □ 2. 有针对该灾害点的巡检措施 □ 3. 有简易监测 □ 4. 有系统监测 □ 5. 滑坡不具有再次活动的可能性，不需要针对性巡检或监测 □
12	针对滑坡的工程措施	1. 无或无效，没有工程措施；措施失效或无效 □ 2. 效果较差，有排水、夯实裂缝等简易措施，对提高滑坡稳定性有利 □ 3. 效果显著，有减载压脚、支挡措施等工程措施，且能明显提高滑坡稳定性 □ 4. 灾害完全消除，滑坡不具有再次活动的可能性 □
13	滑坡与管道的相对位置	1. 在滑坡区内横向或斜向敷设 □ 2. 在滑坡区内纵向敷设，敷设方向与变形方向一致 □ 3. 在滑坡区外附近敷设，滑坡会迅速向外发展，进而影响管道 □ 4. 管道位于滑动面附近或前缘剪出口上下，不能确定是否会影响管道 □ 5. 管道不在滑坡区，滑坡发生较大位移后可能影响管道 □ 6. 滑坡破坏后会导致次生灾害或环境变化，会对管道产生重大不利影响；或会使管道伴行路中断、管道设施损坏 □ 7. 管道位于滑坡剪出口以下，或滑坡影响会管道伴行路，但不会中断 □ 8. 对管道和管道设施没有任何影响 □
14	受影响管道长度，m	1. >15 □；2. 3～15 □；3. ≤3 □
15	滑坡面积，m²	1. >600 □；2. 100～600 □；3. ≤100 □
16	滑坡厚度，m	1. >7 □；2. 2～7 □；3. ≤2 □
17	滑坡物质成分	1. 浸水后土体可能进入软塑或流塑状态 □ 2. 浸水后土体可能进入可塑状态 □ 3. 浸水后土体仍维持坚硬-硬塑状态 □
18	滑坡运动类型	1. 快速滑坡 □；2. 慢速滑坡 □；3. 蠕变 □
19	管体监测结果	1. 管道有明显位移或应力变化 □；2. 管道没有明显位移或应力变化 □
20	针对管道的监测	1. 没有任何监测 □；2. 有管道位移或应力监测 □；3. 不需要监测 □
21	管道防护措施	1. 没有采取任何管道保护措施，或采取的措施失效或无效 □ 2. 实施了开挖管道、减小埋深等应力释放措施，或减少管道与灾害接触等措施 □ 3. 采用了改线、深埋、架空等措施，不再受滑坡影响 □
22	环境性质	1. 邻近有流动的水系 □ 2. 500m 内有流动的水系 □ 3. 砂砾、沙子及高度破碎的岩石 □ 4. 细砂、粉砂和中度碎石 □ 5. 泥沙、淤泥、黄土、黏泥及沙石 □

22	环境性质	6．500m 范围内有静止的水系 □ 7．泥土、密集的硬黏土和无裂隙的岩石 □ 8．密封的隔离层 □
23	土地用途	1．高层建筑 □；2．商业区 □；3．城市居民区 □；4．城市郊区 □；5．工业区 □；6．半农村 □；7．农村 □；8．偏远地区 □
24	环境敏感描述	1．有灭绝危险物种的筑巢场所或地区；物种繁衍的主要地点；某个有灭绝危险的物种个体高度集中的地区 □ 2．淡水沼泽和湿地；盐水湿地；红树林；非常接近市区水源供应的入口（地面或地下水入口）；有非常严重危害的可能性 □ 3．由于困难的通路或大量的补救会造成明显的额外破坏；管道泄漏造成严重的危害 □ 4．略微有坡度的砂砾河岸有乱石堆结构的海岸线或砂砾海滩 □ 5．略微有坡度的砂石混杂河岸；砂石混杂的海滩；造成泄漏物广泛扩散的地形（斜坡、土壤条件、水流等）；非常严重的损害可能性 □ 6．砂性河床障碍物；谷粒式的砂子海滩；略微有坡度的砂性河岸；国家和省立公园和森林 □ 7．微粒式砂性海滩；侵蚀性悬崖；暴露的侵蚀性河岸；补救中遇到困难；高于"正常的"泄漏扩散 □ 8．层岩的浪蚀台地；基岩河岸；环境损害可能性小 □ 9．具有岩石性海滨、悬崖和海岸的海岸线 □ 10．没有特别的环境破坏 □
25	高价值区域描述	1．很难安装设施；设施损失后有大范围的影响；业务中断会耗费很大费用；预计有非常严重的反响，成为全国重点新闻 □ 2．非常高的财产价值；业务中断的费用高和可能性大；工业停工成本昂贵；预计会对社区造成广泛的影响 □ 3．预期业务中断的费用中等；重要的历史或考古遗址；预期有一定程度的公众反应 □ 4．对农业的长期（一个或多个生长季节）损害；其他相关费用；引起一些村镇混乱 □ 5．形象不高的历史和考古遗址；由于需要通路、设备或这个区域其他的独特条件，清理区域费用昂贵；可见到高度的公众关注 □ 6．对该地点高度的公众关注；注重形象的地点，如休闲胜地；一些工业障碍物（不需较多费用）□ 7．预期费用比正常高；通往一些建筑物（仓库、储存设施、小办公室等）的道路受影响 □ 8．野餐营地；公园；使用率高的公众区域；正在增值的财产 □ 9．财产价值高于正常水平 □ 10．对这类位置的潜在损伤的可能性处于一般水平；没有特别的损伤 □
其他描述及典型照片（拍照人、拍照时间、拍照角度、编号及描述）		（平面图、剖面图）

填表说明：对调查表中所列项目，在最符合现场的选项后"□"内打"√"。

附表8 碎石土滑坡灾害调查参考表

调查日期: 年 月 日　　　　　调查人:　　　　　审核人:

管道名称								
灾害点编号		灾害类型	碎石土滑坡	地理坐标	N	(°)	(′)	(″)
					E	(°)	(′)	(″)
					H		m～ m	
行政位置		省（市） 地区（州） 县 镇（乡）地名:						
管道桩号		km m— km m						
调查内容								
滑坡规模, m		长 , 宽 , 厚		坡高, m		坡度,(°)		
滑动方向,(°)		管道受影响长度, m		管道埋深, m		管道走向,(°)		
调查人员对该灾害点风险等级的经验判断		1. 该灾害点风险高，短期内应开展防治 □ 2. 该灾害点风险较高，应采取监测或风险减缓措施 □ 3. 该灾害点风险中等，应重点巡查或简易监测 □ 4. 该灾害点风险较低，应安排巡检查看 □ 5. 该灾害点风险低，可以不采取任何措施 □						
调查人员防治建议								
1	区域地震烈度	1. ≥9度 □；2. 8～9度 □；3. 7～8度 □；4. <7度 □						
2	降雨敏感性	1. 大，降雨时该类滑坡很容易发生失稳 □ 2. 小，该类滑坡的活动与降雨关系不大 □ 3. 无，该类滑坡的活动与降雨没有关系 □						
3	坡度,(°)	1. >40 □；2. 15～40 □；3. <15 □						
4	植被	1. 耕地 □ 2. 坡地，植被覆盖率小于40% □ 3. 坡地，植被覆盖率40%～90% □ 4. 坡地，植被覆盖率大于90% □ 5. 建设用地 □						
5	土体密实度	1. 密实，锹、镐挖掘困难，用撬棍方能松动 □ 2. 中密，锹、镐可挖掘 □ 3. 松散，易于挖掘 □						
6	土体类型	1. 角砾土，粒径大于2mm的颗粒超过土总质量的50% □ 2. 碎石土，粒径大于20mm的颗粒超过土总质量的50% □ 3. 块石土，粒径大于200mm的颗粒超过土总质量的50% □						
7	块石坚硬程度	1. 极软岩，手可捏碎，浸水后可捏成团 □ 2. 软质岩，易击碎，浸水后指甲可刻出痕迹 □ 3. 硬质岩，较难击碎 □						
8	软弱层或隔水层	1. 存在明显软弱层或隔水层 □ 2. 可判断不存在软弱层或隔水层 □ 3. 不能判断 □						
9	基覆界面倾角	1. 基覆界面倾角大于35° □ 2. 基覆界面倾角不大于35° □ 3. 基岩未出露，不能判断 □						
10	地下水动态变化	1. 坡体有渗水或泉水，或可判断地下水位高于（潜在）滑动面 □ 2. 地下水位低于（潜在）滑动面 □						

11	坡脚冲刷	1. 长期存在冲刷，时常导致局部滑塌 □ 2. 偶有冲刷，偶有局部滑塌或滑塌对滑坡整体影响不大 □ 3. 不存在冲刷问题，或冲刷对斜坡没有影响 □
12	地表入渗	1. 有水塘、沟渠、灌溉或后方有较大汇水流入滑坡区，并在滑坡区大量渗入地下 □ 2. 无水源或入渗量较小 □
13	人工活动	1. 当前和以后有坡脚开挖、后缘加载等人工活动 □ 2. 当前和以后有农业活动，或附近有爆破、车辆频繁往来等 □ 3. 当前和以后没有人工活动，或仅有人员走动、偶有车辆 □
14	变形迹象	1. 前缘、后缘等处均有明显变形活动迹象，或监测显示滑坡正在整体变形 □ 2. 局部出现明显变形活动迹象，或监测显示滑坡正在局部变形 □ 3. 没有新近变形活动现象，或监测显示没有变形 □ 4. 已发生大规模滑动，坡体形态发生较大改变 □
15	针对滑坡的监测措施	1. 没有针对该灾害点的巡检或任何监测措施 □ 2. 有针对该灾害点的巡检措施 □ 3. 有简易监测 □ 4. 有系统监测 □ 5. 滑坡不具有再次活动的可能性，不需要针对性巡检或监测 □
16	针对滑坡的工程措施	1. 无或无效，没有工程措施；或措施失效或无效 □ 2. 效果较低，有排水、夯实裂缝等简易措施，对提高滑坡稳定性有利 □ 3. 效果显著，有减载卸脚、支挡措施等工程措施，且能明显提高滑坡稳定性 □ 4. 灾害完全消除，滑坡不具有再次活动的可能性 □
17	滑坡与管道的相对位置	1. 在滑坡区内横向或斜向敷设 □ 2. 在滑坡区内纵向敷设，敷设方向与变形方向一致 □ 3. 在滑坡区外附近敷设，滑坡会迅速向外发展，进而影响管道 □ 4. 管道位于滑动面附近或前缘剪出口上下，不能确定是否会影响管道 □ 5. 管道不在滑坡区，滑坡发生较大位移后可能影响管道 □ 6. 滑坡破坏后会导致次生灾害或环境变化，对管道产生重大不利影响；或会致使管道伴行路中断、管道设施损坏 □ 7. 管道位于滑坡剪出口以下，或滑坡会影响管道伴行路，但不会中断 □ 8. 对管道和管道设施没有任何影响 □
18	受影响管道长度，m	1. >15 □；2. 3~15 □；3. ≤3 □
19	滑坡面积，m²	1. >600 □；2. 100~600 □；3. ≤100 □
20	滑坡厚度，m	1. >7 □；2. 2~7 □；3. ≤2 □
21	滑坡物质成分	1. 角砾土，粒径大于 2mm 的颗粒超过土总质量的 50% □ 2. 碎石土，粒径大于 20mm 的颗粒超过土总质量的 50% □ 3. 块石土，粒径大于 200mm 的颗粒超过土总质量的 50% □
22	滑坡运动类型	1. 快速滑坡 □；2. 慢速滑坡 □；3. 蠕变 □
23	管体监测结果	1. 管道有明显位移或应力变化 □；2. 管道没有明显位移或应力变化 □
24	针对管道的监测	1. 没有任何监测 □；2. 有管道位移或应力监测 □；3. 不需要监测 □
25	管道防护措施	1. 没有采取任何管道保护措施，或采取的措施失效或无效 □ 2. 实施了开挖管道、减小埋深等应力释放措施，或减少管道与灾害接触等措施 □ 3. 采用了改线、深埋、架空等措施，不再受滑坡影响 □
26	环境性质	1. 邻近有流动的水系 □ 2. 500m 内有流动的水系 □ 3. 砂砾、沙子及高度破碎的岩石 □ 4. 细砂、粉砂和中度碎石 □ 5. 泥沙、淤泥、黄土、黏泥及沙石 □ 6. 500m 范围内有静止的水系 □ 7. 泥土、密集的硬黏土和无裂隙的岩石 □ 8. 密封的隔离层 □

27	土地用途	1. 高层建筑 □；2. 商业区 □；3. 城市居民区 □；4. 城市郊区 □；5. 工业区 □； 6. 半农村 □；7. 农村 □；8. 偏远地区 □
28	环境敏感描述	1. 有灭绝危险物种的筑巢场所或地区；物种繁衍的主要地点；某个有灭绝危险的物种个体高度集中的地区 □ 2. 淡水沼泽和湿地；盐水湿地；红树林；非常接近市区水源供应的入口（地面或地下水入口）；有非常严重危害的可能性 □ 3. 困难的通路或大量的补救造成明显的额外破坏；管道泄漏造成严重的危害 □ 4. 略微有坡度的砂砾河岸；有乱石堆结构的海岸线或砂砾海滩 □ 5. 略微有坡度的砂石混杂河岸；砂石混杂的海滩；造成泄漏物广泛扩散的地形（斜坡、土壤条件、水流等）；非常严重损害的可能性 □ 6. 砂性河床障碍物；谷粒式的砂子海滩；略微有坡度的砂性河岸；国家和省立公园和森林 □ 7. 微粒式砂性海滩；侵蚀性悬崖；暴露的侵蚀性河岸；补救中遇到困难；高于"正常的"泄漏扩散 □ 8. 层岩的浪蚀台地；基岩河岸；环境损害可能性小 □ 9. 具有岩石性海滨、悬崖和海岸的海岸线 □ 10. 没有特别的环境破坏 □
29	高价值区域描述	1. 很难安装设施；设施损失后有大范围的影响；业务中断会耗费很大费用；预计有非常严重的反响，成为全国重点新闻 □ 2. 非常高的财产价值；业务中断的费用高和可能性大；工业停工成本昂贵；预计会对社区造成广泛的影响 □ 3. 预期业务中断的费用中等；重要的历史或考古遗址；预期有一定程度的公众反应 □ 4. 对农业的长期（一个或多个生长季节）损害；其他相关费用；引起一些村镇混乱 □ 5. 形象不高的历史和考古遗址；由于需要通路、设备或这个区域其他的独特条件，清理区域费用昂贵；有可见的高度的公众关注 □ 6. 该地点有高度的公众关注；注重形象的地点，如休闲胜地；一些工业障碍物（不需较多费用）□ 7. 预期费用比正常高；通往一些建筑物（仓库、储存设施、小办公室等）的道路受影响 □ 8. 野餐营地；公园；使用率高的公众区域；正在增值的财产 □ 9. 财产价值高于正常水平 □ 10. 对这类位置的潜在损伤的可能性处于一般水平；没有特别的损伤 □
其他描述及典型照片（拍照人、拍照时间、拍照角度、编号及描述）		（平面图、剖面图）

填表说明：对调查表中所列项目，在最符合现场的选项后"□"内打"√"。

附表9　黄土滑坡灾害调查参考表

调查日期：　　年　月　日　　　　调查人：　　　　　审核人：

管道名称								
灾害点编号		灾害类型	黄土滑坡	地理坐标	N	（°）	（′）	（″）
					E	（°）	（′）	（″）
					H		m～　m	
行政位置		省（市）　　　地区（州）　　　县　　　镇（乡）地名：						
管道桩号		km　　　m—　　km						
调查内容								
滑坡规模，m	长　　，宽　　，厚			坡高，m			坡度，（°）	
滑动方向，（°）	管道受影响长度，m			管道埋深，m			管道走向，（°）	

调查人员对该灾害点风险等级的经验判断	1. 该灾害点风险高，短期内应开展防治 □ 2. 该灾害点风险较高，采取监测或风险减缓措施 □ 3. 该灾害点风险中等，应重点巡查或简易监测 □ 4. 该灾害点风险较低，应安排巡检查看 □ 5. 该灾害点风险低，可以不采取任何措施 □	
调查人员防治建议		
1	区域地震烈度	1. ≥9度 □；2. 8～9度 □；3. 7～8度 □；4. <7度 □
2	降雨敏感性	1. 大，降雨时该类滑坡很容易发生失稳 □ 2. 小，该类滑坡的活动与降雨关系不大 □ 3. 无，该类滑坡的活动与降雨没有关系 □
3	坡高，m	1. >60 □；2. 30～60□；3. <30 □
4	黄土类型	1. 次生黄土 □；2. 马兰黄土 □；3. 离石黄土 □
5	地表入渗	1. 有水塘、沟渠、灌溉或后方有较大汇水流入滑坡区，并在滑坡区大量渗入地下 □ 2. 无水源或入渗量较小 □
6	地下水外渗现象	1. 变形区有泉或其他地下水外渗现象 □ 2. 变形区没有地下水外渗 □
7	人工活动	1. 当前和以后有坡脚开挖、后缘加载等人工活动 □ 2. 当前和以后有农业活动，或附近有爆破、车辆频繁往来等 □ 3. 当前和以后没有人工活动，或仅有人员走动、偶有车辆 □
8	滑坡变形迹象	1. 前缘、后缘等处均有明显变形活动迹象，监测显示滑坡正在整体变形 □ 2. 局部出现明显变形活动迹象，或监测显示滑坡正在局部变形 □ 3. 没有新近变形活动现象，或监测显示没有变形 □ 4. 已发生大规模滑动，坡体形态发生较大改变 □
9	针对滑坡的监测措施	1. 没有针对该灾害点的巡检或任何监测措施 □ 2. 有针对该灾害点的巡检措施 □ 3. 有简易监测 □ 4. 有系统监测 □ 5. 滑坡不具有再次活动的可能性，不需要针对性巡检或监测 □
10	针对滑坡的工程措施	1. 无或无效，没有工程措施；措施失效或无效 □ 2. 效果较低，有排水、夯实裂缝等简易措施，对提高滑坡稳定性有利 □ 3. 效果显著，有减载压脚、支挡措施等工程措施，且能明显提高滑坡稳定性 □ 4. 灾害完全消除，滑坡不具有再次活动的可能性 □

11	滑坡与管道的相对位置	1. 在滑坡区内横向或斜向敷设 □ 2. 在滑坡区内纵向敷设，敷设方向与变形方向一致 □ 3. 在滑坡区外附近敷设，滑坡会迅速向外发展，进而影响管道 □ 4. 管道位于滑动面附近或前缘剪出口上下，不能确定是否会影响管道 □ 5. 管道不在滑坡区，滑坡发生较大位移后可能影响管道 □ 6. 滑坡破坏后会导致次生灾害或环境变化，对管道产生重大不利影响；或会使管道伴行路中断、管道设施损坏 □ 7. 管道位于滑坡剪出口以下；滑坡会影响管道伴行路，但不会中断 □ 8. 对管道和管道设施没有任何影响 □
12	受影响管道长度，m	1. >15 □；2. 3～15 □；3. ≤3 □
13	滑坡面积，m²	1. >600 □；2. 100～600 □；3. ≤100 □
14	滑坡厚度，m	1. >7 □；2. 2～7 □；3. ≤2 □
15	滑坡物质成分	1. 次生黄土 □；2. 马兰黄土 □；3. 离石黄土 □
16	滑坡运动类型	1. 快速滑坡 □；2. 慢速滑坡 □；3. 蠕变 □
17	管体监测结果	1. 管道有明显位移或应力变化 □；2. 管道没有明显位移或应力变化 □
18	针对管道的监测	1. 没有任何监测 □；2. 有管道位移或应力监测 □；3. 不需要监测 □
19	管道防护措施	1. 没有采取任何管道保护措施，或采取的措施失效或无效 □ 2. 实施了开挖管道、减小埋深等应力释放措施，或减少管道与灾害接触等措施 □ 3. 采用了改线、深埋、架空等措施，不再受滑坡影响 □
20	环境性质	1. 邻近有流动的水系 □ 2. 500m 内有流动的水系 □ 3. 砂砾、沙子及高度破碎的岩石 □ 4. 细砂、粉砂和中度碎石 □ 5. 泥沙、淤泥、黄土、黏泥及沙石 □ 6. 500m 范围内有静止的水系 □ 7. 泥土、密集的硬黏土和无裂隙的岩石 □ 8. 密封的隔离层 □
21	土地用途	1. 高层建筑 □；2. 商业区 □；3. 城市居民区 □；4. 城市郊区 □；5. 工业区 □； 6. 半农村 □；7. 农村 □；8. 偏远地区 □
22	环境敏感描述	1. 有灭绝危险物种的筑巢场所或地区；物种繁衍的主要地点；某个有灭绝危险的物种个体高度集中的地区 □ 2. 淡水沼泽和湿地、盐水湿地、红树林；非常接近市区水源供应的入口（地面或地下水入口）；有非常严重危害的可能性 □ 3. 困难的通路或大量的补救造成明显的额外破坏；管道泄漏造成严重的危害 □ 4. 略微有坡度的砂砾河岸；有乱石堆结构的海岸线或砂砾海滩 □ 5. 略微有坡度的砂石混杂河岸；砂石混杂的海滩；造成泄漏物广泛扩散的地形（斜坡、土壤条件、水流等）；非常严重损害的可能性 □ 6. 砂性河床障碍物；谷粒式的砂子海滩；略微有坡度的砂性河岸；国家和省立公园和森林 □ 7. 微粒式砂性海滩；侵蚀性悬崖；暴露的侵蚀性河岸；补救中遇到困难；高于"正常的"泄漏扩散 □ 8. 层岩的浪蚀台地；基岩河岸；环境损害可能性小 □ 9. 具有岩石性海滨、悬崖和海岸的海岸线 □ 10. 没有特别的环境破坏 □
23	高价值区域描述	1. 很难安装设施；设施损失后有大范围的影响；业务中断会耗费很大费用；预计有非常严重的反响，成为全国重点新闻 □ 2. 非常高的财产价值；业务中断的费用高和可能性大；工业停工成本昂贵；预计会对社区造成广泛的影响 □

23	高价值区域描述	3. 预期业务中断的费用中等；重要的历史或考古遗址；预期有一定程度的公众反应 □ 4. 对农业的长期（一个或多个生长季节）损害；其他相关费用；引起一些村镇混乱 □ 5. 形象不高的历史和考古遗址；由于需要通路、设备或这个区域其他的独特条件，清理区域费用昂贵；有可见的高度的公众关注 □ 6. 该地点有高度的公众关注；注重形象的地点，如休闲胜地；一些工业障碍物（不需较多费用）□ 7. 预期费用比正常高；通往一些建筑物（仓库、储存设施、小办公室等）的道路受影响 □ 8. 野餐营地；公园；使用率高的公众区域；正在增值的财产 □ 9. 财产价值高于正常水平 □ 10. 对这类位置的潜在损伤的可能性处于一般水平；没有特别的损伤 □
	其他描述及典型照片（拍照人、拍照时间、拍照方位、编号及描述）	（平面图、剖面图）

填表说明：对调查表中所列项目，在最符合现场的选项后"□"内打"√"。

附表 10 岩体滑坡灾害调查表

调查日期：　　年　月　日　　　　　调查人：　　　　　审核人：

管道名称							
灾害点编号		灾害类型	岩体滑坡	地理坐标	N	（°）　　　（′）　　　（″）	
					E	（°）　　　（′）　　　（″）	
					H	m～　　m	
行政位置		省（市）　　地区（州）　　县　　镇（乡）地名：					
管道桩号		km　　m－　　km　　m					
调查内容							
滑坡规模，m		长　　，宽　　，厚		坡高，m		坡度，（°）	
滑动方向，（°）		管道受影响长度，m		管道埋深，m		管道走向，（°）	
调查人员对该灾害点风险等级的经验判断		1. 该灾害点风险高，短期内应开展防治 □ 2. 该灾害点风险较高，采取监测或风险减缓措施 □ 3. 该灾害点风险中等，应重点巡查或简易监测 □ 4. 该灾害点风险较低，应安排巡检查看 □ 5. 该灾害点风险低，可以不采取任何措施 □					
调查人员防治建议							
1	区域地震烈度	1. ≥9度 □；2. 8～9度 □；3. 7～8度 □；4. ＜7度 □					
2	降雨敏感性	1. 大，降雨时该类滑坡很容易发生失稳 □ 2. 小，该类滑坡的活动与降雨关系不大 □ 3. 无，该类滑坡的活动与降雨没有关系 □					
3	坡度，（°）	1. ＞55 □；2. 25～55 □；3. ＜25 □					
4	岩体组合	1. 软硬相间 □；2. 软岩为主 □；3. 硬岩为主 □					
5	岩体完整程度	1. 极破碎，结构面无序 □；2. 破碎或较破碎 □；3. 完整或较完整 □					
6	岩层产状与坡面关系	1. 飘倾坡，岩层面倾向与坡面倾向夹角不大于35°，且岩层面倾角小于坡面倾角 □ 2. 伏倾坡，岩层面倾向与坡面倾向夹角不大于35°，且岩层面倾角大于坡面倾角 □ 3. 逆向坡，岩层面倾向与坡面倾向相反 □ 4. 横向坡，岩层面倾向与坡面倾向夹角大于35° □					
7	软弱夹层	1. 较发育 □；2. 不发育 □					
8	坡脚冲刷	1. 长期存在冲刷，时常导致局部滑塌 □ 2. 偶有冲刷，偶有局部滑塌或滑塌对滑坡整体影响不大 □ 3. 不存在冲刷问题，或冲刷对斜坡没有影响 □					
9	人工活动	1. 当前和以后有坡脚开挖、后缘加载等人工活动 □ 2. 当前和以后有农业活动，或附近有爆破、车辆频繁往来等 □ 3. 当前和以后没有人工活动，或仅有人员走动、偶有车辆 □					
10	滑坡变形迹象	1. 前缘、后缘等处均有明显变形活动迹象，或监测显示滑坡正在整体变形 □ 2. 局部出现明显变形活动迹象，或监测显示滑坡正在局部变形 □ 3. 没有新近变形活动现象，或监测显示没有变形 □ 4. 已发生大规模滑动，坡体形态发生较大改变 □					

11	针对滑坡的监测措施	1. 没有针对该灾害点的巡检或任何监测措施 □ 2. 有针对该灾害点的巡检措施 □ 3. 有简易监测 □ 4. 有系统监测 □ 5. 滑坡不具有再次活动的可能性，不需要针对性巡检或监测 □
12	针对滑坡的工程措施	1. 无或无效，没有工程措施；措施失效或无效 □ 2. 效果较差，有排水、夯实裂缝等简易措施，对提高滑坡稳定性有利 □ 3. 效果显著，有减载压脚、支挡措施等工程措施，且能明显提高滑坡稳定性 □ 4. 灾害完全消除，滑坡不具有再次活动的可能性 □
13	滑坡与管道的相对位置	1. 在滑坡区内横向或斜向敷设 □ 2. 在滑坡区内纵向敷设，敷设方向与变形方向一致 □ 3. 在滑坡区外附近敷设，滑坡会迅速向外发展，进而影响管道 □ 4. 管道位于滑动面附近或前缘剪出口上下，不能确定是否会影响管道 □ 5. 管道不在滑坡区，滑坡发生较大位移后可能影响管道 □ 6. 滑坡破坏后会导致次生灾害或环境变化，对管道产生重大不利影响；致使管道伴行路中断、管道设施损坏 □ 7. 管道位于滑坡剪出口以下；滑坡会影响管道伴行路，但不会中断 □ 8. 对管道和管道设施没有任何影响 □
14	受影响管道长度，m	1. >15 □；2. 3~15 □；3. ≤3 □
15	滑坡面积，m²	1、>600 □；2、100~600 □；3、≤100 □
16	滑坡厚度，m	1. >7 □；2. 2~7 □；3. ≤2 □
17	滑坡物质成分	1. 软硬相间 □；2. 软岩为主 □；3. 硬岩为主 □
18	滑坡运动类型	1. 快速滑坡 □；2. 慢速滑坡 □；3. 蠕变 □
19	管体监测结果	1. 管道有明显位移或应力变化 □；2. 管道没有明显位移或应力变化 □
20	针对管道的监测	1. 没有任何监测 □；2. 有管道位移或应力监测 □；3. 不需要监测 □
21	管道防护措施	1. 没有采取任何管道保护措施；采取的措施失效或无效 □ 2. 实施了开挖管道、减小埋深等应力释放措施，或减少管道与灾害接触等措施 □ 3. 采用了改线、深埋、架空等措施，不再受滑坡影响 □
22	环境性质	1. 邻近有流动的水系 □ 2. 500m 内有流动的水系 □ 3. 砂砾、沙子及高度破碎的岩石 □ 4. 细砂、粉砂和中度碎石 □ 5. 泥沙、淤泥、黄土、黏泥及沙石 □ 6. 500m 范围内有静止的水系 □ 7. 泥土、密集的硬黏土和无裂隙的岩石 □ 8. 密封的隔离层 □
23	土地用途	1. 高层建筑 □；2. 商业区 □；3. 城市居民区 □；4. 城市郊区 □；5. 工业区 □；6. 半农村 □；7. 农村 □；8. 偏远地区 □
24	环境敏感描述	1. 有灭绝危险物种的筑巢场所或地区；物种繁衍的主要地点；某个有灭绝危险的物种个体高度集中的地区 □ 2. 淡水沼泽和湿地；盐水湿地；红树林；非常接近市区水源供应的入口（地面或地下水入口）；有非常严重危害的可能性 □ 3. 困难的通路或大量的补救造成明显的额外破坏；管道泄漏造成严重的危害 □ 4. 略微有坡度的砂砾河岸；有乱石堆结构的海岸线或砂砾海滩 □ 5. 略微有坡度的砂石混杂河岸；砂石混杂的海滩；造成泄漏物广泛扩散的地形（斜坡、土壤条件、水流等）；非常严重损害的可能性 □ 6. 砂性河床障碍物；谷粒式砂子海滩；略微有坡度的砂性河岸；国家和省立公园和森林 □

续表

24	环境敏感描述	7. 微粒式砂性海滩；侵蚀性悬崖；暴露的侵蚀性河岸；补救中遇到困难；高于"正常的"泄漏扩散 □ 8. 层岩的浪蚀台地；基岩河岸；环境损害可能性小 □ 9. 具有岩石性海滨、悬崖和海岸的海岸线 □ 10. 没有特别的环境破坏 □
25	高价值区域描述	1. 很难安装设施；设施损失后有大范围的影响；业务中断会耗费很大费用；预计有非常严重的反响，成为全国重点新闻 □ 2. 非常高的财产价值；业务中断的费用高和可能性大；工业停工成本昂贵；预计会对社区造成广泛的影响 □ 3. 预期业务中断的费用中等；重要的历史或考古遗址；预期有一定程度的公众反应 □ 4. 对农业的长期（一个或多个生长季节）损害；其他相关费用；引起一些村镇混乱 □ 5. 形象不高的历史和考古遗址；由于需要通路、设备或这个区域其他的独特条件，清理区域费用昂贵；有可见的高度的公众关注 □ 6. 该地点有高度的公众关注；注重形象的地点，如休闲胜地；一些工业障碍物（不需较多费用）□ 7. 预期费用比正常高；通往一些建筑物（仓库、储存设施、小办公室等）的道路受影响 □ 8. 野餐营地；公园；使用率高的公众区域；正在增值的财产 □ 9. 财产价值高于正常水平 □ 10. 对这类位置的潜在损伤的可能性处于一般水平；没有特别的损伤 □
	其他描述及典型照片（拍照人、拍照时间、拍照角度、编号及描述）	（平面图、剖面图）

填表说明：对调查表中所列项目，在最符合现场的选项后"□"内打"√"。

附表 11　崩塌灾害调查参考表

调查日期：　　　年　月　日　　　　调查人：　　　　　审核人：

管道名称								
编号		灾害类型	崩塌	地理坐标	N	（°）	（′）	（″）
					E	（°）	（′）	（″）
					H		m〜　　m	
行政位置		省（市）　　地区（州）　　县　　镇（乡）地名：						
管道桩号		km　　　m— km　　　m						
调查内容								
崩塌规模		长　　m，宽　　m，高　　m，体积　　m³			悬空高度，m			
崩塌与管道间坡面坡度，（°）				最大块体体积，m³				
管道受影响长度，m			斜坡类型（自然或人工）		岩层倾角，（°）		管道埋深，m	
调查人员对该灾害点风险等级的经验判断		1. 该灾害点风险高，短期内应开展防治 □ 2. 该灾害点风险较高，应采取监测或风险减缓措施 □ 3. 该灾害点风险中等，应重点巡查或简易监测 □ 4. 该灾害点风险较低，应安排巡检查看 □ 5. 该灾害点风险低，可以不采取任何措施 □						
调查人员防治建议								
1	区域地震烈度	1. ≥9度 □；2. 8〜9度 □；3. 7〜8度 □；4. ＜7度 □						
2	降雨敏感性	1. 大，降雨时该类崩塌很容易发生失稳 □ 2. 小，该类崩塌的活动与降雨关系不大 □ 3. 无，该类崩塌的活动与降雨没有关系 □						
3	是否有岩腔	1. 危岩块体基脚完全悬空 □ 2. 危岩块体基脚部分悬空 □ 3. 危岩块体基脚没有悬空 □						
4	斜坡岩体组合	1. 硬质岩间夹软质岩 □；2. 硬质岩 □；3. 软质岩 □						
5	主结构面或结构面交线与坡面关系	1. 存在一组及以上的不利结构面，其倾向与坡面倾向夹角不大于35°，且倾角大于30°但不大于坡面倾角 □ 2. 存在不利结构面的交线，其走向与坡面夹角不大于35°，倾角大于30°但不大于坡面倾角 □ 3. 不存在不利结构面或不利结构面交线 □ 4. 不存在结构面 □						
6	主结构面发育程度	1. 贯通岩体 □；2. 部分贯通岩体 □						
7	主结构面张开度	1. 大于10mm □；2. 0.5〜10mm □；3. 小于0.5mm □						
8	结构面组数	1. 三组及以上 □；2. 二组 □；3. 一组 □；4. 无（整体状）□						

9	坡面、裂隙渗水现象	1. 有明显渗水痕迹 □；2. 没有明显渗水痕迹 □
10	降雨入渗条件	1. 裂缝外露，水流易于进入 □； 2. 地表有覆盖物或裂缝有充填，水流不易进入 □
11	根劈或冻胀	1. 存在 □；2. 不存在 □
12	人工活动	1. 当前和以后存在边坡开挖、顶部加载、引水至坡顶等活动 □ 2. 当前和以后附近有爆破、车辆频繁来往等活动 □ 3. 当前和以后没有人工活动，或仅有人员走动、偶有车辆 □
13	历史破坏活动	1. 坡面可见新近崩塌痕迹，坡脚有新近的崩塌堆积（崩塌堆积裸露）□ 2. 坡面未见新近崩塌痕迹，坡脚有老的崩塌堆积（被植被覆盖）□ 3. 坡面未见崩塌痕迹，坡脚没有崩塌堆积 □
14	崩塌变形迹象	1. 根据结构面内填充物、植物生长、尖灭层位岩石新鲜破裂面或监测等判断崩塌有明显活动□ 2. 没有迹象表明崩塌有活动或监测显示崩塌没有活动□ 3. 不能判断崩塌活动性 □ 4. 崩塌已经发生 □
15	监测措施	1. 没有针对该崩塌体的巡检和监测措施 □ 2. 有针对该灾害点的巡检措施 □ 3. 有监测措施 □ 4. 不需要监测措施 □
16	针对崩塌的工程措施	1. 无崩塌治理措施，措施失效、无效 □ 2. 有简易治理工程，如排水、裂缝灌浆等措施，或其他效果不显著的措施 □ 3. 有落石槽、拦石墙、拦石网等措施 □ 4. 有治理工程，如嵌补支撑、锚固等措施且能达到基本消除灾害的显著效果 □ 5. 通过削方等手段已完全消除灾害体 □
17	崩塌与管道的相对位置	1. 崩塌落石在管道敷设带有潜在落点 □ 2. 崩塌落石在管道敷设带可能有潜在落点 □ 3. 崩塌落石在管道敷设带 10m 范围内没有落地点 □
18	最大块体岩石类型	1. 硬质岩 □；2. 较硬岩 □；3. 软岩 □
19	管道受影响长度，m	1. >100 □；2. 10～100 □；3. <10 □
20	崩塌体与管道之间斜坡坡度，(°)	1. >70 □；2. 30～70 □；3. <30 □
21	崩塌与管道间坡面岩性及植被	1. 崩塌落石自由坠落，与坡面没有接触 □ 2. 为裸露基岩 □ 3. 覆盖层厚度小于 0.5m，地表裸露或生长低矮植物 □ 4. 覆盖层厚度大于 0.5m，地表裸露或生长低矮植物 □ 5. 生长有高大乔木 □
22	管道埋深，m	1. ≤1 □；2. 1～2 □；3. >2 □
23	管道盖板	1. 无 □；2. 有 □
24	管道地表防护	1. 没有管道防护措施；措施失效或无效 □ 2. 有明棚、砂袋缓冲层等临时性管道防护措施，能有效抵挡崩塌冲击 □ 3. 有永久性缓冲层、工程构筑物等管道防护措施，能有效抵挡崩塌冲击 □ 4. 管道移除，不再受该崩塌影响 □

续表

25	环境性质	1. 邻近有流动的水系 □ 2. 500m 内有流动的水系 □ 3. 砂砾、沙子及高度破碎的岩石 □ 4. 细砂、粉砂和中度碎石 □ 5. 泥沙、淤泥、黄土、黏泥及沙石 □ 6. 500m 范围内有静止的水系 □ 7. 泥土、密集的硬黏土和无裂隙的岩石 □ 8. 密封的隔离层 □
26	土地用途	1. 高层建筑 □；2. 商业区 □；3. 城市居民区 □；4. 城市郊区 □；5. 工业区 □； 6. 半农村 □；7. 农村 □；8. 偏远地区 □
27	环境敏感描述	1. 有灭绝危险物种的筑巢场所或地区；物种繁衍的主要地点；某个有灭绝危险的物种个体高度集中的地区 □ 2. 淡水沼泽和湿地；盐水湿地；红树林；非常接近市区水源供应的入口（地面或地下水入口）；有非常严重危害的可能性 □ 3. 困难的通路或大量的补救造成明显的额外破坏；管道泄漏造成严重的危害 □ 4. 略微有坡度的砂砾河岸；有乱石堆结构的海岸线或砂砾海滩 □ 5. 略微有坡度的砂石混杂河岸；砂石混杂的海滩；造成泄漏物广泛扩散的地形（斜坡、土壤条件、水流等）；非常严重损害的可能性 □ 6. 砂性河床障碍物；谷粒式砂子海滩；略微有坡度的砂性河岸；国家和省立公园和森林 □ 7. 微粒式砂性海滩；侵蚀性悬崖；暴露的侵蚀性河岸；补救中遇到困难；高于"正常的"泄漏扩散 □ 8. 层岩的浪蚀台地；基岩河岸；环境损害可能性小 □ 9. 具有岩石性海滨、悬崖和海岸的海岸线 □ 10. 没有特别的环境破坏 □
28	高价值区域描述	1. 很难安装设施；设施损失后有大范围的影响；业务中断会耗费很大费用；预计有非常严重的反响，成为全国重点新闻 □ 2. 非常高的财产价值；业务中断的费用高和可能性大；工业停工成本昂贵；预计会对社区造成广泛的影响 □ 3. 预期业务中断的费用中等；重要的历史或考古遗址；预期有一定程度的公众反应 □ 4. 对农业的长期（一个或多个生长季节）损害；其他相关费用；引起一些村镇混乱 □ 5. 形象不高的历史和考古遗址；由于需要通路、设备或这个区域其他的独特条件，清理区域费用昂贵；可见的高度的公众关注 □ 6. 该地点有高度的公众关注；注重形象的地点，如休闲胜地；一些工业障碍物（不需较多费用）□ 7. 预期费用比正常高；通往一些建筑物（仓库、储存设施、小办公室等）的道路受影响 □ 8. 野餐营地；公园；使用率高的公众区域；正在增值的财产 □ 9. 财产价值高于正常水平 □ 10. 对这类位置的潜在损伤的可能性处于一般水平；没有特别的损伤 □
其他描述及典型照片（拍照人、拍照时间、拍照角度、编号及描述）		（平面图、剖面图）

填表说明：对调查表中所列项目，在最符合现场的选项后"□"内打"√"。

附表 12　泥石流灾害调查参考表

调查日期：　　年　　月　　日　调查人：　　　　　　审核人：

管道名称							
编号	灾害类型	泥石流	地理坐标	N	(°)	(′)	(″)
				E	(°)	(′)	(″)
				H		m～　　 m	
行政位置	省（市）　　地区（州）　　县　　镇（乡）地名：						
管道桩号	km　　 m－　　 km　　 m						

调查内容	
管道受影响长度，m	管道埋深，m

调查人员对该灾害点风险等级的经验判断	1. 该灾害点风险高，短期内应开展防治 □ 2. 该灾害点风险较高，应采取监测或风险减缓措施 □ 3. 该灾害点风险中等，应重点巡查或简易监测 □ 4. 该灾害点风险较低，应安排巡检查看 □ 5. 该灾害点风险低，可以不采取任何措施 □
调查人员防治建议	
1	泥石流沟内崩塌、滑坡及水土流失的严重程度	1. 崩塌滑坡等重力侵蚀严重，多深层滑坡和大型崩塌，表土疏松，冲沟十分发育□ 2. 崩塌滑坡发育，多浅层滑坡和中小型崩塌，有零星植被覆盖，冲沟发育 □ 3. 有零星崩塌、滑坡和冲沟存在 □ 4. 无崩塌、滑坡、冲沟或发育轻微 □
2	泥沙沿程补给长度比，%	1. ＞60 □；2. 60～30 □；3. 30～10 □；4. ＜10
3	沟口泥石流堆积活动	1. 河形弯曲或堵塞，大河主流受挤压偏移 □ 2. 河形无较大变化，仅大河主流受迫偏移 □ 3. 河形无变化，大河主流在高水位偏，低水位不偏 □ 4. 无河形变化，主流不偏 □
4	河沟纵坡坡降，(°) 或‰	1. ＞12（213）□；2. 12～6（213～105）□； 3. 6～3（105～52）□；4. ＜3（52）□
5	区域构造影响程度	1. 强烈抬升区，6级及以上地震区，断层破碎带 □ 2. 抬升区，4～6级地震区，有中小支断层或无断层 □ 3. 相对稳定区，4级以下地震区，有小断层 □ 4. 沉降区，构造影响小或无影响 □
6	流域植被覆盖率，%	1. ＜10 □；2. 10～30 □；3. 30～60 □；4. ＞60 □
7	河沟槽宽度最近一期变幅，m	1. 2 □；2. 2～1 □；. 1～0.2 □；4. ＜0.2 □
8	岩性影响	1. 覆盖层、软岩 □；2. 软硬相间 □；3. 风化和节理发育的硬岩 □；4. 硬岩 □
9	沿沟松散物储量 $10^4 m^3/km^2$	1. ＞10 □；2. 10～5 □；3. 5～1 □；4. ＜1 □
10	沟岸山坡坡度，(°) 或‰	1. ＞32（625）□；2. 32～25（625～446）□；3. 25～15（446～268）□；4. ＜15（268）□
11	产沙区沟槽横断面	1. V形谷、谷中谷、U形谷 □；2. 拓宽U形谷 □；3. 复式断面 □；4. 平坦型 □
12	产沙区松散物平均厚度，m	1. ＞10 □；2. 10～5 □；3. 5～1 □；4. ＜1 □

13	流域面积，km²	1．<5 □；2．5~10 □；3．10~100 □；4．>100 □
14	流域相对高差，m	1．>500 □；2．500~300 □；3．300~100 □；4．<100 □
15	河沟阻塞程度	1．严重 □；2．中等 □；3．轻微 □；4．无 □
16	监测措施	1．没有监测和巡检措施 □；2．只有巡检措施 □；3．布置了有效的专业监测措施 □；4．不需要监测措施 □
17	泥石流治理措施	1．无或没有效果 □；2．效果不显著 □；3．效果显著 □；4．灾害消除，不需要采取措施 □
18	泥石流与管道的相对位置	1．管道在泥石流的流通区通过 □ 2．管道在泥石流的形成区通过 □ 3．管道在泥石流的堆积区通过 □ 4．泥石流影响伴行道路等管道设施 □ 5．对管道及附属设施没有影响 □
19	泥石流类型	1．水石流 □；2．泥石流 □；3．泥流 □
20	泥石流规模，m³	1．≥1×10⁴ □；2．1×10³~1×10⁴ □；3．2×10²~1×10³ □；4．<2×10² □
21	管道受影响长度，m	1．≥10 □；2．3~10 □；3．<3 □
22	埋深，m	1．≤1 □；2．1~2 □；3．>2 □
23	管道防护措施	1．无或没有效果 □；2．效果不明显 □；3．效果显著 □；4．不需要防护 □
24	环境性质	1．邻近有流动的水系 □ 2．500m内有流动的水系 □ 3．砂砾、沙子及高度破碎的岩石 □ 4．细砂、粉砂和中度碎石 □ 5．泥沙、淤泥、黄土、黏土及沙石 □ 6．500m范围内有静止的水系 □ 7．泥土、密集的硬黏土和无裂隙的岩石 □ 8．密封的隔离层 □
25	土地用途	1．高层建筑 □；2．商业区 □；3．城市居民区 □；4．城市郊区 □；5．工业区 □；6．半农村 □；7．农村 □；8．偏远地区 □
26	环境敏感描述	1．有灭绝危险物种的筑巢场所或地区；物种繁衍的主要地点；某个有灭绝危险的物种个体高度集中的地区 □ 2．淡水沼泽和湿地；盐水湿地；红树林；非常接近市区水源供应的入口（地面或地下水入口）；有非常严重危害的可能性 □ 3．困难的通路或大量的补救造成明显的额外破坏；管道泄漏造成严重的危害 □ 4．略微有坡度的砂砾河岸；有乱石堆结构的海岸线或砂砾海滩 □ 5．略微有坡度的砂石混杂河岸；砂石混杂的海滩；造成泄漏物广泛扩散的地形（斜坡、土壤条件、水流等）；非常严重损害的可能性 □ 6．砂性河床障碍物；谷粒式砂子海滩；略微有坡度的砂性河岸；国家和省立公园和森林 □ 7．微粒式砂性海滩；侵蚀性悬崖；暴露的侵蚀性河岸；补救中遇到困难；高于"正常的"泄漏扩散 □ 8．层岩的浪蚀台地；基岩河岸；环境损害可能性小 □ 9．具有岩石性海滨、悬崖和海岸的海岸线 □ 10．没有特别的环境破坏 □

27	高价值区域描述	1. 很难安装设施；设施损失后有大范围的影响；业务中断会耗费很大费用；预计有非常严重的反响，成为全国重点新闻 □ 2. 非常高的财产价值；业务中断的费用高和可能性大；工业停工成本昂贵；预计会对社区造成广泛的影响 □ 3. 预期业务中断的费用中等；重要的历史或考古遗址；预期有一定程度的公众反应 □ 4. 对农业的长期（一个或多个生长季节）损害；其他相关费用；引起一些村镇混乱 □ 5. 形象不高的历史和考古遗址；由于需要通路、设备或这个区域其他的独特条件，清理区域费用昂贵；有可见的高度的公众关注 □ 6. 该地点有高度的公众关注；注重形象的地点，如休闲胜地；一些工业障碍物（不需较多费用）□ 7. 预期费用比正常高；通往一些建筑物（仓库、储存设施、小办公室等）的道路受影响 □ 8. 野餐营地；公园；使用率高的公众区域；正在增值的财产 □ 9. 财产价值高于正常水平 □ 10. 对这类位置的潜在损伤的可能性处于一般水平；没有特别的损伤 □
	其他描述及典型照片（拍照人、拍照时间、拍照角度、编号及描述）	（平面图、剖面图）

填表说明：对调查表中所列项目，在最符合现场的选项后"□"内打"√"，部分项指标按附表13确定。

附表 13 采空区塌陷灾害调查参考表

调查日期：　　年　月　日　　　　　调查人：　　　　审核人：

管道名称								
编号		灾害类型	采空区塌陷	地理坐标	N	(°)　　　(′)　　　(″)		
					E	(°)　　　(′)　　　(″)		
					H	m～　　　m		
行政位置		省（市）　　地区（州）　　县　　镇（乡）地名：						
管道桩号		km　　　m－　　km　　　m						
调查内容								
塌陷坑大小		长轴：　　m；短轴：　　m		塌陷坑深，m				
管道受影响长度，m				管道埋深，m				
调查人员对该灾害点风险等级的经验判断		1. 该灾害点风险高，短期内应开展防治 □ 2. 该灾害点风险较高，应采取监测或风险减缓措施 □ 3. 该灾害点风险中等，应重点巡查或简易监测 □ 4. 该灾害点风险较低，应安排巡检查看 □ 5. 该灾害点风险低，可以不采取任何措施 □						
调查人员防治建议								
1	覆岩岩性	1. 较～极软弱：平均单向抗压强度小于 30MPa □ 2. 较坚硬：平均单向抗压强度 30～60MPa □ 3. 坚硬：平均单向抗压强度大于 60MPa □						
2	地震	1. 地震烈度 7 度及以上 □；2. 地震烈度 7 度以下 □						
3	采空区连通特征	1. 相互连通 □；2. 未连通 □						
4	矿层倾角	1. 急倾斜矿层（46°～90°）□ 2. 倾斜矿层（16°～45°）□ 3. 水平及缓倾斜矿层（≤15°）□						
5	采矿及顶板管理方法	1. 全部陷落法 □；2. 煤柱支承法 □；3、全部填充法 □						
6	开采深厚比	1. ≤30 □；2. 30～200 □；3. >200 □						
7	重复采动	1. 有 □；2. 无 □						
8	矿坑开采情况	1. 正在开采 □ 2. 停采少于 3a 或 3a 以上会有新的开采 □ 3. 停采 3～5a □ 4. 停采 5a 以上 □						
9	地质构造	1. 在断层影响区内 □ 2. 不在断层影响区，但岩层节理裂隙发育 □ 3. 不在断层影响区，岩层节理裂隙发育情况一般 □ 4. 不在断层影响区，岩层节理裂隙不发育 □						
10	地表变形迹象	1. 地表有塌陷和下错台阶，或监测显示地表变形量较大，表明采空区活动性较强 □ 2. 地表有裂缝或监测显示地表变形量较小，表明采空区活动性较弱 □ 3. 无明显活动或监测显示地表没有变形，表明采空区没有活动 □						
11	异常水文现象	1. 地下水位突升突降，井泉干枯等 □ 2. 采空区出现积水 □ 3. 无 □						
12	其他人类工程活动	1. 强烈：采空区内现存在或已规划修筑地下防空设施、公路、铁路、改造河流、爆破开挖采石或经常性抽排水等工程 □ 2. 一般：采空区内农田灌溉，采空区外现存在或已规划修筑地下防空设施、公路、铁路、改造河流、爆破开挖采石或偶尔抽排水等工程 □； 3. 无 □						

185

13	针对采空区塌陷的监测措施	1. 没有针对采空区的巡检或监测措施 □；2. 有针对采空区塌陷的巡检措施 □；3. 简易监测 □；4. 专业监测 □；5. 不需要监测 □
14	针对采空区的工程措施	1. 无或没有效果 □；2. 效果较差 □；3. 效果显著 □；4. 采空区稳定，不需要采取措施□
15	管道敷设位置	1. 中心变形区 □；2. 内边缘区 □；3. 外边缘区 □；4. 与采空区间隔不大于 15m □；5. 与采空区间隔在 15（不含）～200m（含）□；6. 与采空区间隔不小于 200m □
16	管道穿越方式	1. 埋地 □；2. 跨越（基础在移动盆地内）□；3. 跨越（基础在移动盆地外）□
17	管道穿越采空区长度，m	1. 大于 25 □；2. 15～25 □；3. 小于 25 □；4. 无 □
18	输送介质	1. 油 □；2. 气 □
19	灾害活动情况	1. 活动显著，地表有塌陷或下错不小于 3m，或监测显示管体位移、应力有显著变化 □ 2. 活动显著，地表有塌陷或下错小于 3m，或监测显示管体位移、应力有明显变化 □ 3. 活动一般，地表有裂缝，或监测显示管体位移、应力变化很小 □ 4. 无明显活动，监测显示管体位移、应力没有变化 □
20	地形条件	1. 山地采空区（地面坡角大于 10°）□ 2. 平地采空区（地面坡角不大于 10°）□
21	矿层类别	1. 易自燃煤层、瓦斯区及其他易燃易爆矿层 □ 2. 非易自燃煤或其他非易燃易爆矿层 □
22	采空区内有无弯管（头）	1. 有 □；2. 无 □
23	管体监测	1. 没有监测措施 □；2. 有监测措施 □
24	管道防护措施的有效性	1. 无防护措施 □；2. 效果较差 □；3. 效果显著□；4. 不需要防护 □
25	环境性质	1. 邻近有流动的水系 □ 2. 500m 内有流动的水系 □ 3. 砂砾、沙子及高度破碎的岩石 □ 4. 细砂、粉砂和中度碎石 □ 5. 泥沙、淤泥、黄土、黏泥及沙石 □ 6. 500m 范围内有静止的水系 □ 7. 泥土、密集的硬黏土和无裂隙的岩石 □ 8. 密封的隔离层 □
26	土地用途	1. 高层建筑 □；2. 商业区 □；3. 城市居民区 □；4. 城市郊区 □；5. 工业区 □；6. 半农村 □；7. 农村 □；8. 偏远地区 □
27	环境敏感描述	1. 有灭绝危险物种的筑巢场所或地区；物种繁衍的主要地点；某个有灭绝危险的物种个体高度集中的地区 □ 2. 淡水沼泽和湿地、盐水湿地、红树林；非常接近市区水源供应的入口（地面或地下水入口）；有非常严重危害的可能性 □ 3. 困难的通路或大量的补救造成明显的额外破坏；管道泄漏造成严重的危害 □ 4. 略微有坡度的砂砾河岸；有乱石堆结构的海岸线或砂砾海滩 □ 5. 略微有坡度的砂石混杂河岸；砂石混杂的海滩；造成泄漏物广泛扩散的地形（斜坡、土壤条件、水流等）；非常严重损害的可能性 □ 6. 砂性河床障碍物；谷粒式砂子海滩；略微有坡度的砂性河岸；国家和省立公园和森林 □ 7. 微粒式砂性海滩；侵蚀性悬崖；暴露的侵蚀性河岸；补救中遇到困难；高于"正常的"泄漏扩散 □ 8. 层岩的浪蚀台地；基岩河岸；环境损害可能性小 □ 9. 具有岩石性海滨、悬崖和海岸的海岸线 □ 10. 没有特别的环境破坏 □

28	高价值区域描述	1. 很难安装设施；设施损失后有大范围的影响；业务中断会耗费很大费用；预计有非常严重的反响，成为全国重点新闻 □ 2. 非常高的财产价值；业务中断的费用高和可能性大；工业停工成本昂贵；预计会对社区造成广泛的影响 □ 3. 预期业务中断的费用中等；重要的历史或考古遗址；预期有一定程度的公众反应 □ 4. 对农业的长期（一个或多个生长季节）损害；其他相关费用；引起一些村镇混乱 □ 5. 形象不高的历史和考古遗址；由于需要通路、设备或这个区域其他的独特条件，清理区域费用昂贵；有可见的高度的公众关注 □ 6. 该地点有高度的公众关注；注重形象的地点，如休闲胜地；一些工业障碍物（不需较多费用）□ 7. 预期费用比正常高；通往一些建筑物（仓库、储存设施、小办公室等）的道路受影响 □ 8. 野餐营地；公园；使用率高的公众区域；正在增值的财产 □ 9. 财产价值高于正常水平 □ 10. 对这类位置的潜在损伤的可能性处于一般水平；没有特别的损伤 □
其他描述及典型照片（拍照人、拍照时间、拍照角度、编号及描述）		（平面图、剖面图）

填表说明：对调查表中所列项目，在最符合现场的选项后"□"内打"√"。

附表 14　坡面水毁灾害调查参考表

调查日期：　　年　　月　　日　　　　　　调查人：　　　　　　审核人：

管道名称								
编号		灾害类型	坡面水毁	地理坐标	N	(°)	(′)	(″)
					E	(°)	(′)	(″)
					H		m～	m
行政位置			省（市）　　地区（州）　　县　　镇（乡）地名：					
管道桩号			km　　　m—　　km　　　m					

调查内容	
管道受影响长度，m	管道埋深，m

调查人员对该灾害点风险等级的经验判断		1. 该灾害点风险高，短期内应开展防治 □ 2. 该灾害点风险较高，应采取监测或风险减缓措施 □ 3. 该灾害点风险中等，应重点巡查或简易监测 □ 4. 该灾害点风险较低，应安排巡检查看 □ 5. 该灾害点风险低，可以不采取任何措施 □
调查人员防治建议		
1	斜坡坡度，（°）	1. 15～35 □；2. 5～15 或 35～70 □；3. 小于 5 或大于 70 □
2	土体密实度	1. 密实 □；2. 稍密 □；3. 松散 □
3	植被覆盖率，%	1. <10□；2. 10～30□；3. 30～60□；4. 60～90 □
4	暴雨的频次，次/a	1. >3 □；2. 2～3 □；3. ≤1 □
5	人类工程活动影响	1. 强烈 □；2. 一般 □；3. 无 □
6	灾害活动性	1. 活动性显著（有冲沟、局部沉陷、形成断头渠）□ 2. 活动性一般（有细沟形成，坡面土变薄）□ 3. 无明显灾害迹象 □
7	坡面防护措施的有效性	1. 无或丧失保护性 □；2. 部分丧失保护性 □；3. 有效性良好 □；4. 不需要防护 □
8	支挡防护措施的有效性	1. 无或丧失保护性 □；2. 部分丧失保护性 □；3. 有效性良好 □；4. 不需要防护 □
9	管道敷设位置	1. 坡脚或全坡面 □；2. 坡中部 □；3. 坡顶 □；4. 坡脚 5m 外敷设 □
10	管道敷设方式	1. 斜坡向敷设 □；2. 顺坡敷设 □；3. 横坡敷设 □
11	危害管道长度，m	1. 大于 10 □；2. 5～10 □；3. 小于 5□；4. 无 □
12	管道埋深，m	1. 小于 0.8 □；2. 0.8～1.5 □；3. 大于 1.5 □
13	管道防护	1. 无防护措施或丧失保护性□；2. 有管道防护措施但部分丧失保护性□； 3. 有水泥保护层、套管、水泥盖板等有效防护措施□；4. 不需要防护□
14	环境性质	1. 邻近有流动的水系 □ 2. 500m 内有流动的水系 □ 3. 砂砾、沙子及高度破碎的岩石 □ 4. 细砂、粉砂和中度碎石 □ 5. 泥沙、淤泥、黄土、黏泥及沙石 □ 6. 500m 范围内有静止的水系 □ 7. 泥土、密集的硬黏土和无裂隙的岩石 □ 8. 密封的隔离层 □

15	土地用途	1. 高层建筑 □；2. 商业区 □；3. 城市居民区 □；4. 城市郊区 □；5. 工业区 □；6. 半农村 □；7. 农村 □；8. 偏远地区 □
16	环境敏感描述	1. 有灭绝危险物种的筑巢场所或地区；物种繁衍的主要地点；某个有灭绝危险的物种个体高度集中的地区 □ 2. 淡水沼泽和湿地；盐水湿地；红树林；非常接近市区水源供应的入口（地面或地下水入口）；有非常严重危害的可能性 □ 3. 困难的通路或大量的补救造成明显的额外破坏；管道泄漏造成严重的危害 □ 4. 略微有坡度的砂砾河岸有乱石堆结构的海岸线或砂砾海滩 □ 5. 略微有坡度的砂石混杂河岸；砂石混杂的海滩；造成泄漏物广泛扩散的地形（斜坡、土壤条件、水流等）；非常严重危害的可能性 □ 6. 砂性河床障碍物；谷粒式砂子海滩；略微有坡度的砂性河岸；国家和省立公园和森林 □ 7. 微粒式砂性海滩；侵蚀性悬崖；暴露的侵蚀性河岸；补救中遇到困难；高于"正常的"泄漏扩散 □ 8. 层岩的浪蚀台地；基岩河岸；环境损害可能性小 □ 9. 具有岩石性海滨、悬崖和海岸的海岸线 □ 10. 没有特别的环境破坏 □
17	高价值区域描述	1. 很难安装设施；设施损失后有大范围的影响；业务中断会耗费很大费用；预计有非常严重的反响，成为全国重点新闻 □ 2. 非常高的财产价值；业务中断的费用高和可能性大；工业停工成本昂贵；预计会对社区造成广泛的影响 □ 3. 预期业务中断的费用中等；重要的历史或考古遗址；预期有一定程度的公众反应 □ 4. 对农业的长期（一个或多个生长季节）损害；其他相关费用；引起一些村镇混乱 □ 5. 形象不高的历史和考古遗址；由于需要通路、设备或这个区域其他的独特条件，清理区域费用昂贵；有可见的高度的公众关注 □ 6. 该地点有高度的公众关注；注重形象的地点，如休闲胜地；一些工业障碍物（不需较多费用）□ 7. 预期费用比正常高；通往一些建筑物（仓库、储存设施、小办公室等）的道路受影响 □ 8. 野餐营地；公园；使用率高的公众区域；正在增值的财产 □ 9. 财产价值高于正常水平 □ 10. 对这类位置的潜在损伤的可能性处于一般水平；没有特别的损伤 □
	其他描述及典型照片（拍照人、拍照时间、拍照角度、编号及描述）	（平面图、剖面图）

填表说明：对调查表中所列项目，在最符合现场的选项后"□"内打"√"。

附表15 河沟道水毁灾害调查表

调查日期： 年 月 日 调查人： 审核人：

管道名称								
编号	灾害类型	河沟道水毁	地理坐标	N		（°）	（′）	（″）
				E		（°）	（′）	（″）
				H			m～	m
行政位置		省（市） 地区（州） 县 镇（乡）地名：						
管道桩号		km m－ km m						

调查内容		
管道受影响长度，m		管道埋深，m	
河（沟）床纵坡降，%		河（沟）岸坡度，（°）	
河（沟）床宽度，m		河（沟）滩宽度，m	

调查人员对该灾害点风险等级的经验判断	1. 该灾害点风险高，短期内应开展防治 □ 2. 该灾害点风险较高，应采取监测或风险减缓措施 □ 3. 该灾害点风险中等，应重点巡查或简易监测 □ 4. 该灾害点风险较低，应安排巡检查看 □ 5. 该灾害点风险低，可以不采取任何措施 □
调查人员防治建议	
1	河沟床或岸坡岩性	1. 基岩 □；2. 碎块石 □；3. 砂卵石 □；4. 碎石土 □
2	暴雨的频次，次/a	1. ＞3 □；2. 2～3 □；3. ≤1 □
3	河沟道形态	1. 凹岸 □；2. 顺直 □；3. 凸岸 □
4	河沟道断面	1. W形 □；2. V形或复式分叉 □；3. 两岸不对称 □；4. U形 □
5	水流季节特征	1. 常年水流□；2. 季节性水流□
6	水流速度，m/s	1. 最大流速不小于2 □；2. 最大流速1～2 □；3. 最大流速不大于1 □
7	人类工程活动影响	1. 强烈 □；2. 一般 □；3. 无 □
8	灾害活动性	1. 岸坡大面积坍塌或河床下切 □ 2. 岸坡坍塌开裂或河床局部掏空 □ 3. 岸坡底部被掏蚀或河床局部冲刷 □ 4. 无明显灾害迹象 □
9	护岸措施的有效性	1. 无防护或丧失保护性 □；2. 部分丧失保护性 □；3. 有效性良好 □；4. 不需要防护 □
10	护底措施的有效性	1. 无防护或丧失保护性 □；2. 部分丧失保护性 □；3. 有效性良好 □；4. 不需要防护 □
11	管道敷设位置及方式	1. 沟埋穿越□；2. 顺河沟凹岸敷设 □；3. 顺河沟道底敷设 □；4. 顺河沟直岸敷设 □；5. 顺河沟凸岸敷设 □；6. 跨越 □；7. 非开挖穿越 □
12	危害管道长度，m	1. 大于10 □；2. 5～10 □；3. 小于5□；4. 无 □
13	管道埋深，m	1. 小于0.8 □；2. 0.8～1.5 □；3. 大于1.5□
14	管道防护	1. 无稳管等防护措施或丧失保护性 □ 2. 有管道防护措施但部分丧失保护性 □ 3. 有连续覆盖层、混凝土平衡重块、复壁管等且有效 □ 4. 不需要防护 □

15	环境性质	1. 邻近有流动的水系 □ 2. 500m 内有流动的水系 □ 3. 砂砾、沙子及高度破碎的岩石 □ 4. 细砂、粉砂和中度碎石 □ 5. 泥沙、淤泥、黄土、黏泥及沙石 □ 6. 500m 范围内有静止的水系 □ 7. 泥土、密集的硬黏土和无裂隙的岩石 □ 8. 密封的隔离层 □
16	土地用途	1. 高层建筑 □；2. 商业区 □；3. 城市居民区 □；4. 城市郊区 □；5. 工业区 □；6. 半农村 □；7. 农村 □；8. 偏远地区 □
17	环境敏感描述	1. 有灭绝危险物种的筑巢场所或地区；物种繁衍的主要地点；某个有灭绝危险的物种个体高度集中的地区 □ 2. 淡水沼泽和湿地；盐水湿地；红树林；非常接近市区水源供应的入口（地面或地下水入口）；有非常严重危害的可能性 □ 3. 困难的通路或大量的补救造成明显的额外破坏；管道泄漏造成严重的危害 □ 4. 略微有坡度的砂砾河岸；有乱石堆结构的海岸线或砂砾海滩 □ 5. 略微有坡度的砂石混杂河岸；砂石混杂的海滩；造成泄漏物广泛扩散的地形（斜坡、土壤条件、水流等）；非常严重损害的可能性 □ 6. 砂性河床障碍物；谷粒式砂子海滩；略微有坡度的砂性河岸；国家和省立公园和森林 □ 7. 微粒式砂性海滩；侵蚀性悬崖；暴露的侵蚀性河岸；补救中遇到困难；高于"正常的"泄漏扩散 □ 8. 层岩的浪蚀台地；基岩河岸；环境损害可能性小 □ 9. 具有岩石性海滨、悬崖和海岸的海岸线 □ 10. 没有特别的环境破坏 □
18	高价值区域描述	1. 很难安装设施；设施损失后有大范围的影响；业务中断会耗费很大费用；预计有非常严重的反响，成为全国重点新闻 □ 2. 非常高的财产价值；业务中断的费用高和可能性大；工业停工成本昂贵；预计会对社区造成广泛的影响 □ 3. 预期业务中断的费用中等；重要的历史或考古遗址；预期有一定程度的公众反应 □ 4. 对农业的长期（一个或多个生长季节）损害；其他相关费用；引起一些村镇混乱 □ 5. 形象不高的历史和考古遗址；由于需要通路、设备或这个区域其他的独特条件，清理区域费用昂贵；有可见的高度的公众关注 □ 6. 该地点有高度的公众关注；注重形象的地点，如休闲胜地；一些工业障碍物（不需较多费用）□ 7. 预期费用比正常高；通往一些建筑物（仓库、储存设施、小办公室等）的道路受影响 □ 8. 野餐营地；公园；使用率高的公众区域；正在增值的财产 □ 9. 财产价值高于正常水平 □ 10. 对这类位置的潜在损伤的可能性处于一般水平；没有特别的损伤 □
	其他描述及典型照片（拍照人、拍照时间、拍照角度、编号及描述）	（平面图、剖面图）

填表说明：对调查表中所列项目，在最符合现场的选项后"□"内打"√"。

附表16　台田地水毁灾害调查表

调查日期：　　年　月　日　　　　　调查人：　　　　审核人：

管道名称							
编号	灾害类型	台田地水毁	地理坐标	N	(°)	(′)	(″)
				E	(°)	(′)	(″)
				H		m～	m
行政位置	省（市）　　地区（州）　　县　　镇（乡）地名：						
管道桩号	km　　m－　　km　　m						
调查内容							
管道受影响长度，m				管道埋深，m			
调查人员对该灾害点风险等级的经验判断	1. 该灾害点风险高，短期内应开展防治 □ 2. 该灾害点风险较高，应采取监测或风险减缓措施 □ 3. 该灾害点风险中等，应重点巡查或简易监测 □ 4. 该灾害点风险较低，应安排巡检查看 □ 5. 该灾害点风险低，可以不采取任何措施 □						
调查人员防治建议							
1	土体类型	1. 湿陷性黄土 □；2. 胶结性差的粉土 □；3. 砂土 □；4. 粉土 □；5. 黏土 □；6. 碎石土 □；7. 砂卵石□；8. 基岩 □					
2	植被覆盖率，%	1. ＜10□；2. 10～30□；3. 30～60□；4. 60～90□					
3	致灾水来源	1. 降雨 □；2. 冰雪融水 □；3. 灌溉水 □；4. 两种以上来源 □					
4	暴雨频次，次/a	1. ＞3 □；2. 2～3 □；3. ≤1 □					
5	人类工程活动影响	1. 强烈 □；2. 一般 □；3. 无 □					
6	灾害活动性	1. 串珠状潜蚀坑或落水洞，明显拉沟 □ 2. 管沟潜流或塌陷 □ 3. 局部潜蚀坑或落水洞 □ 4. 田坎坍塌 □ 5. 不均匀沉降 □ 6. 无明显活动 □					
7	针对台田地水毁的工程措施	1. 无防护或丧失保护性 □ 2. 部分丧失保护性 □ 3. 有效性良好 □ 4. 不需要防护 □					
8	管道敷设方式	1. 水毁区长度方向平行于管道轴向 □ 2. 水毁区长度方向垂直于管道轴向 □ 3. 管道在水毁区5m以外 □					
9	危害管道长度，m	1. ＞10 □；2. 5～10 □；3. ＜5□；4. 无 □					
10	管道埋深，m	1. ＜0.8 □；2. 0.8～1.5 □；3. ＞1.5□					
11	管道防护	1. 无防护措施或丧失保护性 □ 2. 管道防护措施但部分丧失保护性 □ 3. 有防护措施且措施有效 □ 4. 不需要防护 □					
12	环境性质	1. 邻近有流动的水系 □ 2. 500m内有流动的水系 □ 3. 砂砾、沙子及高度破碎的岩石 □ 4. 细砂、粉砂和中度碎石 □					

192

12	环境性质	5. 泥沙、淤泥、黄土、黏泥及沙石 □ 6. 500m 范围内有静止的水系 □ 7. 泥土、密集的硬黏土和无裂隙的岩石 □ 8. 密封的隔离层 □
13	土地用途	1. 高层建筑 □；2. 商业区 □；3. 城市居民区 □；4. 城市郊区 □；5. 工业区 □； 6. 半农村 □；7. 农村 □；8. 偏远地区 □
14	环境敏感描述	1. 有灭绝危险物种的筑巢场所或地区；物种繁衍的主要地点；某个有灭绝危险的物种个体高度集中的地区 □ 2. 淡水沼泽和湿地；盐水湿地；红树林；非常接近市区水源供应的入口（地面或地下水入口）；有非常严重危害的可能性 □ 3. 困难的通路或大量的补救造成明显的额外破坏；管道泄漏造成严重的危害 □ 4. 略微有坡度的砂砾河岸；有乱石堆结构的海岸线或砂砾海滩 □ 5. 略微有坡度的砂石混杂河岸；砂石混杂的海滩；造成泄漏物广泛扩散的地形（斜坡、土壤条件、水流等）；非常严重损害的可能性 □ 6. 砂性河床障碍物；谷粒式砂子海滩；略微有坡度的砂性河岸；国家和省立公园和森林 □ 7. 微粒式砂性海滩；侵蚀性悬崖；暴露的侵蚀性河岸；补救中遇到困难；高于"正常的"泄漏扩散 □ 8. 层岩的浪蚀台地；基岩河岸；环境损害可能性小 □ 9. 具有岩石性海滨、悬崖和海岸的海岸线 □ 10. 没有特别的环境破坏 □
15	高价值区域描述	1. 很难安装设施；设施损失后有大范围的影响；业务中断会耗费很大费用；预计有非常严重的反响，成为全国重点新闻 □ 2. 非常高的财产价值；业务中断的费用高和可能性大；工业停工成本昂贵；预计会对社区造成广泛的影响 □ 3. 预期业务中断的费用中等；重要的历史或考古遗址；预期有一定程度的公众反应 □ 4. 对农业的长期（一个或多个生长季节）损害；其他相关费用；引起一些村镇混乱 □ 5. 形象不高的历史和考古遗址；由于需要通路、设备或这个区域其他的独特条件，清理区域费用昂贵；有可见的高度的公众关注 □ 6. 该地点有高度的公众关注；注重形象的地点，如休闲胜地；一些工业障碍物（不需较多费用）□ 7. 预期费用比正常高；通往一些建筑物（仓库、储存设施、小办公室等）的道路受影响 □ 8. 野餐营地；公园；使用率高的公众区域；正在增值的财产 □ 9. 财产价值高于正常水平 □ 10. 对这类位置的潜在损伤的可能性处于一般水平；没有特别的损伤 □
其他描述及典型照片（拍照人、拍照时间、拍照角度、编号及描述）		（平面图、剖面图）

填表说明：对调查表中所列项目，在最符合现场的选项后"□"内打"√"。

附表17 黄土湿陷灾害调查表

调查日期：　　年　　月　　日　　　　　　调查人：　　　　　　审核人：

管道名称								
编号		灾害类型	黄土湿陷	地理坐标	N	（°）	（′）	（″）
					E	（°）	（′）	（″）
					H		m～　　　m	
行政位置			省（市）　　地区（州）　　县　　镇（乡）地名：					
管道桩号			km　　　m－　　km　　　m					
调查内容								

管道受影响长度，m		管道埋深，m		斜坡坡度，（°）		坡高，m	

调查人员对该灾害点风险等级的经验判断	1. 该灾害点风险高，短期内应开展防治 □ 2. 该灾害点风险较高，应采取监测或风险减缓措施 □ 3. 该灾害点风险中等，应重点巡查或简易监测 □ 4. 该灾害点风险较低，应安排巡检查看 □ 5. 该灾害点风险低，可以不采取任何措施 □
调查人员防治建议	
黄土湿陷诱发因素	如降雨、冰雪融水、冻融水流、灌溉渗水或人类活动（堆载）
1	不良地貌特征	1. 黄土嵚崅 □；2. 黄土梁、黄土峁 □；3. 黄土塬 □；4. 沟谷 □；5. 冲洪积平原 □
2	斜坡坡降与坡高	1. 坡度为15°～35° □；2. 坡度>35°且坡高>40m □；3. 坡度为5°～15°、35°～70°或坡度>70°且坡高大于5m □；4. 坡度小于5°或大于70° □
3	黄土湿陷性	1. 强烈 □；2. 中等 □；3. 轻微 □；4. 非失陷性 □
4	植被覆盖率，%	1. <10□；2. 10～30□；3. 30～60□；4. 60～90□
5	水力侵蚀方式	1. 沟蚀 □；2. 潜蚀 □；3. 片蚀 □；4. 面蚀 □；5. 无 □
6	人类工程活动	1. 经常导致新土裸露或附近有灌溉渠、泄洪通道等水利工程 □；2. 偶尔导致新土裸露或有灌溉活动 □；3. 无 □
7	管道两侧5m范围内灾害活动情况	1. 有平行管道的串珠状湿陷坑或潜蚀洞穴 □ 2. 有零星湿陷坑或潜蚀洞穴 □ 3. 管道覆土沉陷或边坡变形 □ 4. 无 □
8	针对黄土湿陷的工程措施	1. 无或没有效果 □；2. 效果不明显 □；3. 有塌陷坑回填、防水、土质改良等措施，效果显著 □；4. 灾害消除，不需要采取措施 □
9	对管道的危害方式	1. 导致管道悬空 □；2. 导致管道裸露 □；3. 导致埋深不足 □；4. 破坏伴行道路等其他设施 □；5. 无□
10	受影响管道长度，m	1. >25 □；2. 5～25 □；3. <5 □；4. 无 □
11	管道埋深，m	1. >2 □；2. 1～2 □；3. <1 □；4. 裸露□
12	管径，mm	1. <500 □；2. 500～700 □；3. 700～1000 □；4. >1000 □
13	输送介质	1. 油 □；2. 气 □
14	管道防护措施	1. 无或没有效果 □；2. 效果不显著 □；3. 效果显著 □；4. 灾害消除，不需要采取措施 □
15	环境性质	1. 邻近有流动的水系 □；2. 500m内有流动的水系 □

续表

15	环境性质	3. 砂砾、沙子及高度破碎的岩石 □ 4. 细砂、粉砂和中度碎石 □ 5. 泥沙、淤泥、黄土、黏泥及沙石 □ 6. 500m 范围内有静止的水系 □ 7. 泥土、密集的硬黏土和无裂隙的岩石 □ 8. 密封的隔离层 □
16	土地用途	1. 高层建筑 □；2. 商业区 □；3. 城市居民区 □；4. 城市郊区 □；5. 工业区 □；6. 半农村 □；7. 农村 □；8. 偏远地区 □
17	环境敏感描述	1. 有灭绝危险物种的筑巢场所或地区；物种繁衍的主要地点；某个有灭绝危险的物种个体高度集中的地区 □ 2. 淡水沼泽和湿地；盐水湿地；红树林；非常接近市区水源供应的入口（地面或地下水入口）；有非常严重危害的可能性 □ 3. 困难的通路或大量的补救造成明显的额外破坏；管道泄漏造成严重的危害 □ 4. 略微有坡度的砂砾河岸；有乱石堆结构的海岸线或砂砾海滩 □ 5. 略微有坡度的砂石混杂河岸；砂石混杂的海滩；造成泄漏物广泛扩散的地形（斜坡、土壤条件、水流等）；非常严重损害的可能性 □ 6. 砂性河床障碍物；谷粒式砂子海滩；略微有坡度的砂性河岸；国家和省立公园和森林 □ 7. 微粒式砂性海滩；侵蚀性悬崖；暴露的侵蚀性海岸；补救中遇到困难；高于"正常的"泄漏扩散 □ 8. 层岩的浪蚀台地；基岩河岸；环境损害可能性小 □ 9. 具有岩石性海滨、悬崖和海岸的海岸线 □ 10. 没有特别的环境破坏 □
18	高价值区域描述	1. 很难安装设施；设施损失后有大范围的影响；业务中断会耗费很大费用；预计有非常严重的反响，成为全国重点新闻 □ 2. 非常高的财产价值；业务中断的费用高和可能性大；工业停工成本昂贵；预计会对社区造成广泛的影响 □ 3. 预期业务中断的费用中等；重要的历史或考古遗址；预期有一定程度的公众反应 □ 4. 对农业的长期（一个或多个生长季节）损害；其他相关费用；引起一些村镇混乱 □ 5. 形象不高的历史和考古遗址；由于需要通路、设备或这个区域其他的独特条件，清理区域费用昂贵；有可见的高度的公众关注 □ 6. 该地点有高度的公众关注；注重形象的地点，如休闲胜地；一些工业障碍物（不需较多费用）□ 7. 预期费用比正常高；通往一些建筑物（仓库、储存设施、小办公室等）的道路受影响 □ 8. 野餐营地；公园；使用率高的公众区域；正在增值的财产 □ 9. 财产价值高于正常水平 □ 10. 对这类位置的潜在损伤的可能性处于一般水平；没有特别的损伤 □
其他描述及典型照片（拍照人、拍照时间、拍照角度、编号及描述）		（平面图、剖面图）

填表说明：对调查表中所列项目，在最符合现场的选项后"□"内打"√"。

附表 18　地面标识桩设置标准

地面标识	设置标准		
里程桩 （测试桩）	1. 里程桩应自首站 0km 起每 1km 设置一个。 2. 管道与铁路、高速公路、高压电缆及其他管道交叉时应增设测试桩。 3. 里程桩宜设置在管道正上方。 4. 因管道埋深原因等不能设在管道正上方时，应设置在距管道中心线顺油气正输方向左侧水平距离 1.0m+0.5D（D 为管道直径）处		
标志桩	1. 埋地管道采用弯头或水平方向转角大于 5° 时，应设置转角桩，转角桩设置在转折管道中心线的正上方。 2. 埋地管道与其他地下构筑物（如电缆、其他管道、坑道等）交叉时，交叉桩应设置在交叉点正上方。 3. 标识固定墩、牺牲阳极、埋地绝缘接头及其他附属设施，设施桩应设置在所标识物体的正上方。 4. 穿（跨）越标志桩的正面应背向被穿（跨）越的建、构筑物，其他未做详细说明的标志桩正面 均应面向来油气方向	铁路穿越	（1）铁路两侧设置穿越桩。 （2）设置在铁路用地边界线外 2m 处管道中心线的正上方
		公路穿越	（1）管道穿越高速公路、一级公路、二级公路及穿越长度大于 50m（含 50m）的三级、四级公路 时，应在公路两侧设置穿越桩。设置位置为公路排水沟边缘外 1m 处。 （2）管道穿越三级、四级公路时，应在公路一侧设置穿越桩。设置位置为管道上游的公路排水沟外边缘以外 1m 处；无边沟时，设置在距路边缘 2m 处
		河流、渠道穿越	（1）管道穿越河流、渠道长度大于 50m（含 50m）时，应在其两侧设置穿越桩。设置位置在河流、渠道堤坝坡脚处或距岸边 3～10m 处的稳定位置。 （2）管道穿越河流、渠道长度小于 50m 时，应至少在其一侧设置穿越桩。设置位置在管道上游的河流、渠道堤坝坡脚处或距岸边 3～10m 处的稳定位置
		铁路、公路、河渠跨越	宜在两侧设置标志桩。标志桩设置在管道干线架空段的起点和 终点处
通信标石	1. 当管道与光缆不同沟敷设时，应分别设置管道标志桩、通信标石。 2. 当管道和光缆同沟敷设时，管道标志桩与通信标石宜合并设置。 3. 在光缆上方每 100m 处设置一个通信标石		
加密桩	1. 管道正上方每 100m 处设置一个加密桩。 2. 管道及光缆浅埋地段应增设加密桩		
警示牌	应设置在管道穿越大中型河流、山谷、冲沟、隧道、邻近水库及泄洪区、水渠、人口和建（构）筑物密集区、自然与地质灾害频发区、地震断裂带、矿山采空区、第三方施工活动频繁区等地段。其设置间距应满足通视性的要求。穿越河流、水渠时，按下列要求设置警示牌： 1. 河流、水渠长度大于或等于 50m 时，应在其两侧设置警示牌。 2. 穿越河流、水渠长度小于 50m 时，可在其一侧设置警示牌。 3. 警示牌设置在河流、水渠堤坝外坡脚处或距岸边 3m 处。 4. 当管道穿越通航河流时，应与航运部门协商，设置"禁止抛锚"的警示牌		
标识带	在油气管道新建、改（扩）建和大修过程中，可在管顶上方 0.5m 处设置标识带		

附表 19 管体缺陷修复数据汇总表

类别	项目	单位	1	2	3
基本情况	管线名称				
	标段编号				
	管径	mm			
	公称壁厚	mm			
	实际壁厚	mm			
	最小屈服强度	MPa			
	最大允许工作压力	MPa			
	修复时压力	MPa			
	涂层类型				
缺陷信息	缺陷编号				
	缺陷类型				
	GPS 坐标				
	缺陷距离	±m			
	缺陷尺寸（轴向长度×深度×宽度）	mm			
修复信息	修复编号				
	修复方法				
	修复产品厂商				
	轴向长度	mm			
	层数	层			
	补口材料				
施工单位					
监理单位					
现场监督人员					
建议单位					

参 考 文 献

［1］茹慧灵. 油气管道保护技术. 北京：石油工业出版社，2008.

［2］严大凡，翁永基，董绍华. 油气长输管道风险评价与完整性管理. 北京：化学工业出版社，2005.

［3］郭生武，袁鹏斌. 输送管线完整性检测、评价及修复技术. 北京：石油工业出版社，2007.

［4］董绍华. 管道完整性技术与管理. 北京：中国石化出版社，2007.

［5］袁厚明. 地下管线检测技术. 北京：中国石化出版社，2007.

［6］中国石油天然气集团公司职业技能鉴定指导中心. 油气管道保护工. 北京：石油工业出版社，2008.

［7］冯蓓，杨敏，李秉风，等. 二氧化碳腐蚀机理及影响因素. 辽宁化工，2010，39（9）：976-979.

［8］黄维和，郑洪龙，吴忠良. 管道完整性管理在中国的应用10年回顾与展望. 天然气工业，2013，33（12）：1-5.